JN173742

酸　化
（ドーピング）

（脱ドーピング）
還　元

（a）ポリアニリン

酸　化
（ドーピング）

（脱ドーピング）
還　元

（b）ポリチオフェン

口絵 1　ポリアニリンおよびポリチオフェンの色変化

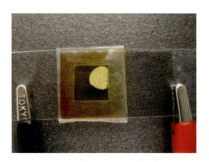

口絵 2　有機 EL 素子の完成

(a) 日光照射：332.0mV

(b) 日光遮断：1.6mV

口絵 3　ペロブスカイト型太陽電池の光応答性（直射日光下）

実験でわかる
電気をとおす
プラスチックのひみつ

工学博士 白川　英樹
博士(工学) 廣木　一亮 共著

コロナ社

「実験でわかる 電気をとおすプラスチックのひみつ」 正誤表

頁	箇所	誤	正
22	3.1節3行目	特にドーピング効果に優れ	特にアクセプタードーピング効果に優れ
23	3行目	ディアス	ディアス
23	下から6行目	重要な点はベンゼンやピロールのような芳香環は、陽の中でπ電子（パイ電子）という電子を共有していることで、この構造を共役系と呼ぶ。芳香環どうしがうまくつながると、つながった相手とも電子を共有して共役系を広げることができる。ポイントはこうしてたくさんの芳香環がつながると、さらに共役系が発達していき、導電性プラスチックができるわけだ。	重要な点はベンゼンやピロールのようなπ電子、電子（パイ電子）が共有系の芳香環は、陽の中でπ電子（パイ電子）が共役していることで、この構造を共役系と呼ぶ。芳香環どうしがうまくつながると、さらに共役系が発達していき、導電性プラスチックになる。
24	図3.2	n（ピロール） $+\ 2n\,\mathrm{FeCl_3} \longrightarrow$（ポリピロール） $+\ 2n\,\mathrm{HCl} + 2n\,\mathrm{FeCl_2}$（図4.6）	$n+2$（ピロール） $+\ 2n\,\mathrm{FeCl_3} \longrightarrow$（ポリピロール） $+\ 2n\,\mathrm{HCl} + 2n\,\mathrm{FeCl_2}$（図4.6(b)）
25	下から3行目	ポリピロールも	ポリピロール誘導体も
47	3行目	充電したり、放電したり	蓄えたり、放出したり
66	5.2節1行目	ポリピロール薄膜をピンセットで引き上げて、リード線でクロノアンペロメトリーモーターにつなぐ。セルを10%塩化ナトリウム水溶液に浸し、プロペラの回転を観察する。	重合したポリピロール薄膜をピンセットで引き上げて、10%塩化ナトリウム水溶液に浸し、リード線でプロペラ付き微電流型モーターにつなぎ、プロペラの回転を観察する。
73	3行目	PEDOT/PSS溶液に界面活性剤を加えることで	PEDOT/PSS溶液に極性の試薬や界面活性剤を加えることで
85	1行目	アルコールはエタノール、$\mathrm{C_2H_5OH}$と	エタノールはエタノール、$\mathrm{C_2H_5OH}$と
88	下から10行目	先に溶解し、この実験装置の開発を後押ししたのは、電子注入層の問題だった。	先に解決し、この実験数値の開発を後押ししたのは、電子注入層をどう作製するか、であった。
115	9行目	この実験数値の開発を後押ししたのは、電子注入層の問題だった。	この実験数値のデータをもとに開発する際の最大の難関は、電子注入層をどう作製するか、であった。

①

ま え が き
—— 導電性プラスチックと私たち ——

　レジ袋やペットボトル，電気コードなど私たちの身の回りにはたくさんの種類のプラスチックが使われている。加熱すると柔らかくなる性質があるので，ペットボトルのように複雑な形の瓶を簡単につくれるという利点がある。一般的にプラスチックは柔らかく熱に弱い素材だが，研究・開発が進んで金属のように熱に強いプラスチックや鉄鋼にも負けない強さのプラスチックもできるようになった。変化に富んだ性質をもつプラスチックはすべて電気をとおさない絶縁体である点は共通している。1977 年に金属のように電気をとおすプラスチック，つまり導電性プラスチックが生まれるまでは，プラスチックが電気の絶縁体であることは常識だった。どのようにして常識外れのプラスチックが生まれたかについては導電性プラスチックとセレンディピティーの章で詳しく述べる。

　金属は電気をよくとおすといっても，電気のとおしやすさ（電気伝導性）は温度が一定ならば金属の種類によって決まっていて調節はできない。これに反して，導電性プラスチックはドーピング（doping）という処理（または化学反応）によって，絶縁体から半導体，金属の広い範囲にわたって電気のとおりやすさを調節することが可能である。このことについても 2 章で詳しく述べるが，ドーピングの方法や程度によって p 型，n 型の半導体や金属のように電気をとおしやすくできる。しかも，ドーピング反応は導電性プラスチックの分子内に正の電荷や負の電荷を貯めこむばかりでなく，逆に貯めこんだ電荷を外に出す逆反応（脱ドーピング）も可能なので，二次電池の電気を貯めこむ充電過程，そして貯めこんだ電気を使う放電過程そのものでもある。ポリピロールを使った二次電池への応用実験は 5 章で述べる。

　今日，導電性プラスチックはテレビや携帯電話，パソコンなど，私たちの身

の回りのあらゆる電子機器に使われている。どのような使われ方をしているかを知ろうとしてこれらの電気製品や電子機器を分解しても，特殊な容器に入っていたり，あまりにも小さかったりして簡単には理解に至らないだろう。本を読んだり，先生や専門家から教わったりすれば，ある程度のことは理解できるだろうが，一番良い方法は実験で試してみることである。先生が教壇に立って生徒に実験の様子を見せる演示実験ではなく，自らの手を使って行う実験が最善である。

　導電性プラスチックは特殊なプラスチックだから，つくるのは難しいと思われるかもしれないが，意外と簡単な方法でつくれる導電性プラスチックもあり，3章のブレイク：導電チェッカーのつくり方で述べる「トオル君」で簡単に電気がとおることを調べることもできる。

　「百聞は一見にしかず」ということわざがある。人から同じことを何度も聞くより，1回でも自分の目で見るほうが確かであり，よく理解できるということである。各地で開いている実験教室ではこのことわざをいい換えて，「百見は一実験にしかず」といっている。実験は理解を深めるだけでなく，自ら手を使って実験をする楽しさを味わうこともできる。

　なお，本書に掲載している写真（カラー写真）の一部や実験操作をわかりやすく説明した動画は，ホームページ†からダウンロードできるので，必要に応じてご活用いただきたい。

　2017 年 9 月

白川　英樹

---

†　カラー写真や動画のダウンロードについて
　http://www.coronasha.co.jp/np/isbn/9784339066449/
　（本書の書籍ページ。コロナ社のトップページから書名検索でもアクセスできる）

目　　次

Ⅰ．導入編

1章　導電性プラスチックについて知ろう

2章　ド　ー　ピ　ン　グ

Ⅱ．実践編

執　筆　分　担

白川英樹：まえがき，1章，2章，導電性プラスチック
　　　　　とセレンディピティー，9章

廣木一亮：実験をする前に，3～8章，化学実験教室の
　　　　　企画・開発・実施のコツ，あとがき

I. 導入編

1 導電性プラスチックについて知ろう

1.1 プラスチック？　高分子？　ポリマー？

　本書ではプラスチック（plastics）という言葉を使っているが，そもそもプラスチックとは熱か圧力，あるいは両者を同時に加えることによって簡単に形が変わり，圧力や温度を下げても変わった形をそのまま保つ性質（塑性変形）をもつ物質のことを指しており，（粘土のような無機物質ではなく）分子量が非常に大きい有機高分子化合物のことである。一方，圧力を加えると変形するが圧力を取り除くと元の形に戻る性質（弾性変形）をもつゴムも，分子量が非常に大きい有機高分子化合物である。

　したがって，プラスチックやゴムのことを単に高分子ということもあるが，その英語のポリマー（polymer）を使うこともある。いささか紛らわしくて混乱するかもしれないが，実験を繰り返すことでこれらの言葉に慣れ親しんで欲しい。

1.2 「プラスチックは絶縁体」は常識か？

　私たちの身の回りにはたくさんの電気製品が使われている。居間には電気スタンドやラジオ，テレビ，オーディオ装置など，台所には冷蔵庫や電気炊飯器，電子レンジなど，多くの家庭用電化製品がある。電池で動かすものを除いて，すべて電気コードでコンセントにつなげ電気をとおして機能する。その電気コードの銅線を覆っているのが，電気絶縁体のプラスチックだ。前節で述べたようにプラスチック（やゴム）は炭素原子がたがいに結び合って長い鎖の骨

格をつくっている。金属原子と違って炭素原子は自由電子をもたない。炭素と炭素が結合した長い鎖状のプラスチックは炭素同士の電子が対になった共有結合，とりわけ強く結びついた σ（シグマ）結合でできているので，これらの電子はまったく動けない。したがって，電気をとおさない。ポリエチレンやポリプロピレン，ポリ塩化ビニル，ポリエチレンテレフタレート（PET）など，1976 年に導電性プラスチックが誕生する以前に知られていたすべてのプラスチックは電気をとおさない優れた絶縁体だったので，プラスチックが絶縁体であることは常識であった。

1.3 常識では考えつかなかった電気をとおすプラスチックの誕生

　常識外れの電気をとおすプラスチックが誕生した経緯については，導電性プラスチックとセレンディピティーの章で詳しく述べるが，意外なことに電気をとおす元となるプラスチックは古くから知られていた。3 章で述べるピロールブラックやアニリンブラックがそうであるが，不思議なことにプラスチックは電気を通さない絶縁体であるという常識を乗り越えて，**電気をとおすという見方**でこれらの物質を研究した化学者や物理学者はだれもいなかった。今となっては，ピロールブラックはポリピロール，アニリンブラックはポリアニリンであることがわかったが，その名のとおり黒い粉末で正体不明な物質として見捨てられていた。

　ポリアセチレンも当初合成されたものは黒い粉末で，研究には不向きな物質として化学者からは敬遠されたが，2 章のドーピングと導電性プラスチックとセレンディピティーの章で詳しく述べるように，薄膜状に合成されてから構造や性質の研究が進み，さらに臭素やヨウ素をドープすると金属のように電気をよくとおすようになることが明らかになった。電気をとおすプラスチックの誕生である。

　ポリピロールやポリアニリン，ポリアセチレンの共通点はいずれも 2.1 節で

述べるが，炭素原子と炭素原子の結合が単結合と二重結合が交互に連なっている共役系プラスチック（共役系高分子）で普通のプラスチックのように電気をとおさないが，2章で述べるドーピングを行うことによって電気をとおすプラスチックになる。電気をとおすプラスチックに必要な条件は分子構造が共役系であることであり，ドーピングが十分条件である。

　本書は電気をとおすプラスチックの合成や応用を，簡単な実験により理解することを目指す実験書なので，電気をとおすプラスチックを詳しく知るには巻末の引用・参考文献1～8を参考にして欲しい。

2 ド ー ピ ン グ

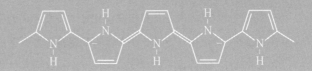

　ドーピング（doping）は物質にドーパント（dopant）と呼ばれる不純物をきわめて少量加えることによりその性質を大きく変える方法である。スポーツの分野では運動能力を高めるために少量の興奮剤や筋肉増強剤などの薬物を使うことを指しており，不正行為として厳しく禁じられていることはご存じのとおりである。

　多くのプラスチックは多数の炭素原子が -C-C-C-C-C-C- のように連なっている。典型的な例はポリエチレンやポリ塩化ビニルなどで，電気をとおさない。ドーパントを加えても電気がとおるようにはならない。しかし，-C=C-C=C-C=C- や -C≡C-C≡C-C≡C- のように，単結合と二重結合，単結合と三重結合が交互に長く連なっているプラスチックでは，微量のドーパントを加えると電気がとおるようになる。電気をとおすプラスチックは例外なくドーピングが必要である。

2.1　ドーピングとは

　炭素と炭素の結合には単結合と二重結合，それに三重結合がある。いわば一本の手で結ばれているのが単結合，二本の手で結合している場合が二重結合である。単結合と二重結合が交互に連なっている状態を 共役（きょうやく）しているといい，このようなプラスチックを共役系プラスチック（共役系高分子）という。

　1 章で述べたように，ポリアセチレンやその他の導電性プラスチックは，合成したままの状態では絶縁体か半導体で導電性はない。導電性を与えるためにはドーピングが必要である。ただし，二つの例外がある。一つは，触媒を使って重合する場合，触媒そのものや触媒の分解成分が重合の進行とともにドーパ

ントとしての役割を果たす場合である。もう一つの例外は，電気化学的重合法で合成した場合がそうで，電解質イオンがドーパントとなって，重合と同時に導電性プラスチックが直接合成できる場合である。いずれにしても，共役系プラスチックはドーピングして初めて導電性が出る。

　ところが，ポリエチレンやポリ塩化ビニルなど炭素と炭素が単結合だけでできている多くの汎用プラスチックは電気絶縁体で，ドーピングしても何の変化もない。両者の違いはそのプラスチックが単結合だけでできているか，共役をしているかの違いで，それぞれのプラスチックがもつイオン化ポテンシャルや電子親和力の大きさが異なる。

　ドーピングをすると導電性が出るプラスチックとは，炭素と炭素が単結合と二重結合が交互に結合した共役系高分子である。詳しく説明すると，分子骨格のすべての炭素原子がそれぞれ1個のπ軌道をもっており，その軌道に1個のπ電子が入っていて，いわばπ電子が一列に並んでいるような高分子である。このような高分子は共役が長く続いているので，汎用高分子と比べてイオン化ポテンシャル（ionization potential，IP）が小さく，電子親和力（electron affinity，EA）が大きい。

　イオン化ポテンシャルとは，分子から電子を引き抜く（酸化する）ために必要な最低限のエネルギー値であり，電子親和力とは，電子を受け取って陰イオンになるときに放出されるエネルギー値で，この値が大きいほど電子を受け取りやすく，共役系高分子は還元されやすい。

　電子求引性の試薬をドーパントとして使ってπ電子を引き抜く必要があるので，共役系高分子のイオン化ポテンシャルはできるだけ小さいほうが良い。一方，共役系高分子は電子の受け取りやすさを表す電子親和力が大きいため還元されやすく，電子を与えやすい試薬をトーパントとして使うと電子を受け取って（還元）負の荷電担体（電子）をもつことになるので導電性が発現する。

2.2 化学ドーピング

　導電性プラスチックは基本的に絶縁体に近い半導体であり，導電性を付与するためにはドーピングが必要である。実際の操作は導電性プラスチックに電子を受け取りやすい性質をもつアクセプター（電子受容性試薬）や電子を与えやすい性質があるドナー（電子供与性試薬）などの化学物質（**表 2.1**）を少量添加することで，導電性が発現する。ドーパントとして化学物質を使うので化学ドーピングと呼ばれている。

表 2.1 化学ドーピングで使われるドーパント

（a） アクセプター

ハロゲン	Br_2, I_2, ICl, ICl_3
ルイス酸	PF_5, AsF_5, BF_3, SO_3
プロトン酸	HCl, H_2SO_4, $HClO_4$
遷移金属ハロゲン化物	$FeCl_3$, $FeBr_3$, $SnCl_4$
有機化合物	TCNE, TCNQ, DDQ, 各種アミノ酸

（b） ドナー

アルカリ金属	Li, Na, K, Rb, Cs
アルカリ土類金属	Be, Mg, Ca

　導電性プラスチックは合成時に使った触媒の成分がアクセプターやドナーなどの性質をもっていると，長い共役系ができると同時にドーピングが進んで導電性プラスチックができる場合もある。例えば，ピロールは次節で述べる電気化学ドーピングでは重合反応が起こって長い共役系分子が生成すると同時に，電解質イオンがドーパントとなってドーピングが進行するので，合成と同時に導電性プラスチックができる。

2.3 電気化学ドーピング

　電気化学ドーピングは導電性プラスチックを電極として，これに電圧を印加することによる方法である。導電性プラスチック（P_n）を陽極または陰極として，**表 2.2** に示した支持電解質（D^+A^-）を溶媒に溶かした電解溶液に浸し，

表2.2　電気化学ドーピングで使われるドーパントイオン

アクセプター（A$^-$）	Cl$^-$, Br$^-$, I$^-$, ClO$_4^-$, BF$_4^-$, PF$_6^-$, AsF$_6^-$など
ドナー（D$^+$）	Li$^+$, Na$^+$, K$^+$, R$_4$N$^+$, R$_4$P$^+$（R＝CH$_3$, C$_6$H$_5$など）

電位をかけると陽極では式 (2.1)，陰極では式 (2.2) の反応が起こり，陽極は
アクセプター（A$^-$）がドープされ，陰極はドナー（D$^+$）がドープされる。

$$P_n + nyA^- \rightarrow (P^+_y \cdot A^-_y)_n + nye^- \tag{2.1}$$

$$P_n + nyD^+ + nye^- \rightarrow (P^-_y \cdot D^+_y)_n \tag{2.2}$$

　化学ドーピングでも電気化学ドーピングでも，アクセプタードーピングは比
較的容易に行うことができるが，ドナードーピングはドープされたドナーが水
やその他の不純物と容易に反応するために実験は困難である。

2.4　ドーピングによる荷電担体の生成

　ポリアセチレンと同じようにポリピロールやポリアニリン，ポリチオフェン
なども単結合と二重結合が交互に結合した共役系高分子である。しかし，トラ
ンス型ポリアセチレンとそれ以外の共役系高分子とでは大きく異なっている点
がある。**図2.1**に二つのトランス型ポリアセチレンの分子構造を示した。二つ
の構造は単結合と二重結合の位置が半単位ずれているだけでエネルギー的に違
いはない。エネルギーが同じで二つの異なる構造がある場合にこの二つは縮重
しているという。つまり，トランス型ポリアセチレンは縮重した図（a）と図
（b）の二つの構造が可能である。

（a）　　　　　　　　　　　　　　　　　　　（b）

図2.1　縮重した二つのトランス型ポリアセチレン

　その他の共役系ではどうだろう。**図2.2**にポリピロールの分子構造を示し
た。

　図（b）に示したポリピロール分子は図（a）の二重結合を隣に移動した場

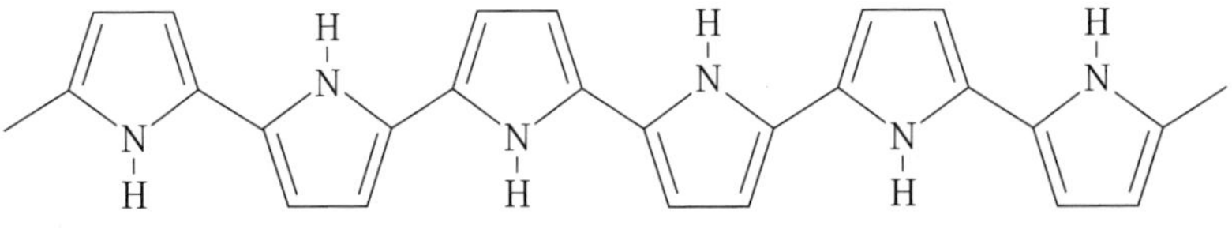

（a）

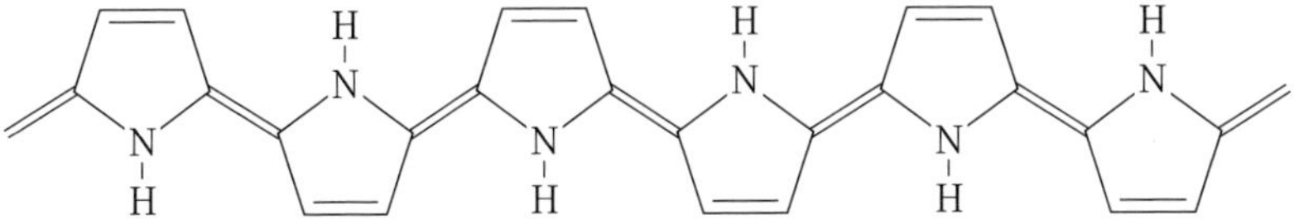

（b）

図 2.2　ポリピロールにおける二つの構造

合の結合状態であり，両者は構造的にもエネルギー的にも異なり，図（b）の構造はより高いエネルギー状態であり不安定だと考えられる。したがって，ポリピロールは非縮重構造をもった高分子である。

　縮重構造のトランス型ポリアセチレンは**図 2.3**に示すように，不対電子をもっていることがわかっており，何らかの理由で同一分子内に a 相と b 相が生じたためと考えられている。電子スピン共鳴（electron paramagnetic resonance, ESR）測定からこの不対電子は共役系に沿って動き回っていると考えられているが，電荷をもたないので電気伝導性はない。

図 2.3　図 2.1 の（a）と（b）の境界に生じた不対電子（中性ソリトン）

　この不対電子はアクセプターにより優先的に引き抜かれて**図 2.4**のように正の電荷をもった状態になる。

　アクセプターによるドーピングで不対電子が引き抜かれて正の電荷をもつこ

（＋）

図 2.4　図 2.1 の（a）と（b）の境界に生じた正の電荷（正ソリトン）

とになるので，これが動いて導電性が発現する。ドナーを加えるとドナーから電子が1個不対電子に与えられるので，**図2.5**に示すように負の電荷をもつことになり導電性が発現する。

図 2.5　図 2.1 の（a）と（b）の境界に生じた負の電荷（負ソリトン）

　不対電子は π 結合の対電子より反応性が高いので，優先的にドーパントと反応して正のソリトンや負のソリトンができる。ドーピング反応が進行して不対電子がなくなると，対になった電子もドーパントと反応して，**図2.6**の正の電荷をもったポーラロンや**図2.7**の負の電荷をもったポーラロンができる。

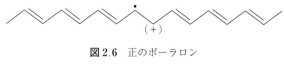

図 2.6　正のポーラロン

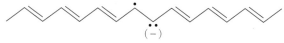

図 2.7　負のポーラロン

　この状態からさらに電子が引き抜かれたり，与えられたりして，**図2.8**や**図2.9**に示す正や負のバイポーラロンができる。この場合には正や負の電荷の反発により，二つの電荷は隣り合うことなく数モノマー単位離れていると考えられている。いずれの図でも電子は省略して電荷だけを表示している。

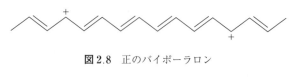

図 2.8　正のバイポーラロン

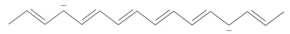

図 2.9　負のバイポーラロン

　トランス型ポリアセチレン以外の非縮重型共役系では不対電子が存在しないので，ドーピングによる電子の授受は π 結合をした対電子が対象となる。アクセプターによるドーピングでは，図 2.10 に示すように対電子の一つがアクセプターに引き抜かれて不対電子と正の電荷をもつホールができる。この状態をポーラロンといい，この場合は正の電荷をもつので正のポーラロンとなる。

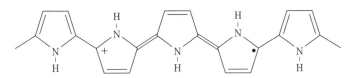

図 2.10　正のポーラロン

　さらに，電子が引き抜かれると図 2.11 に示すように二つの正電荷をもつことになり，これを正のバイポーラロンという。

　ドナーによるドーピングでは電子が π 結合の対電子に与えられるので，図 2.12 に示すような負のポーラロンができ，さらにドーピングが進むと図 2.13 のような負のバイポーラロンができる。

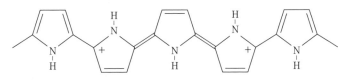

図 2.11　正のバイポーラロン

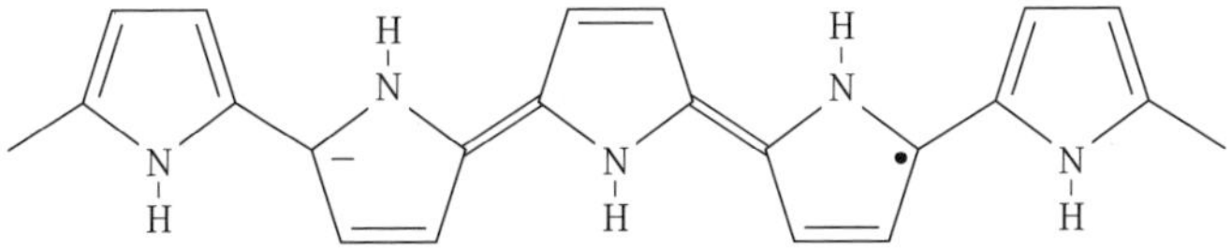

図 2.12　負のポーラロン

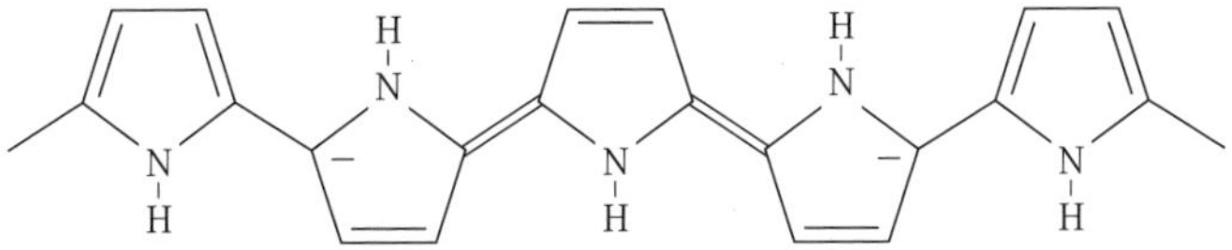

図 2.13　負のバイポーラロン

このように，共役系高分子では縮退した構造でも非縮退構造でも，アクセプターやドナーによるドーピングにより，中性だった高分子に荷電担体（キャリヤ）が生まれ，この荷電担体が分子鎖に沿って動いて導電性が発現する。導電性プラスチックのゆえんである。

ドーピングにより荷電担体ができるということは，見方を変えると共役系高分子が電荷を蓄えることになるので，電池でいう充電過程と見ることもできる。生成した荷電担体は逆反応（脱ドーピング）が可能なので，貯め込んだ荷電担体を外に取り出すこともできる。二次電池でいう放電過程である。

導電性プラスチックとセレンディピティー8)~10)†

Serendipity

　導電性プラスチックの原点ともいうべきポリアセチレンフィルムは，筆者（白川）が当初の研究目的としていた重合機構の解明，すなわち，アセチレンが触媒とどのように反応してポリアセチレンができるかを調べている途中で起きた失敗実験から生まれた。

　当初の目的からすればとんでもない間違いとしかいいようのないほど多量の触媒を使ってしまったのが原因だった。失敗実験の結果，本来ならば粉末状の固体となるはずのポリアセチレンが，偶然に触媒溶液の表面に薄膜として生成してしまったのである。私にとって生涯の研究となる導電性高分子（導電性プラスチック）のそもそもの発端であった。助手になってから一年半ほどたった1967年の秋の頃である。

　1958年にイタリアの高分子化学者ナッタ（G. Natta, 1903 ~ 1979年）ら[11]がアセチレンを重合することにより初めて合成に成功したポリアセチレンは，真っ黒な炭の粉のような形状だったが，興味ある電磁気的および光学的性質をもつだろうと予測され，また，高分子半導体の典型として，一時はブームといわれたほど世界中の多くの研究者により研究された。しかし，ほかの高分子化合物と違って，溶媒に溶けず，熱を加えても溶融しないため，物性測定のための試料作成は困難を極め，研究ははかどらず，ブームは下火になりだれも研究しなくなってしまった。

　粉末状であるということが物性の測定には不向きで，研究上の難点であると

---

　†　肩付き数字は，巻末の文献番号を表す。

十分に認識されていたにもかかわらず，世界中のだれ一人として意図的に薄膜状のポリアセチレンを合成しようと試みた研究者は見当たらなかった。初めから無理であるとして，そのような着想さえだれもが諦めていたとしか思えなかった。

世の中では，偶然に見つけた薄膜合成がドーピングによる導電性の発現という画期的な発見に直接つながったと受け取られているが，それは間違いである。

助手になったばかりの私に課せられた研究課題は「チグラー・ナッタ触媒によるアセチレンの重合機構」であった。この課題は高分子半導体の研究とはほど遠いものであったし，ポリアセチレンが金属のような導電性をもつ高分子になるとは，だれも夢にも思ったことはなかった。

偶然に薄膜ができたとき，これまで粉末状でしか合成できなかったポリアセチレンが，なぜ薄膜状になったかの理由がわからず，当惑するばかりであった。一方，重合機構を解明するためにはポリアセチレンの分子構造を詳細に明らかにする必要があったので，この薄膜状のポリアセチレンは各種スペクトル測定に最適な形状であることに気がついて小躍りするほど嬉しかった。

この失敗実験ともいうべき偶然のおかげで，「重合機構の解明」という当初の研究目的に沿った二つの実験計画がおのずからできあがった。一つは薄膜生成の原因をさぐる実験，つまり失敗の原因を明らかにすることであり，もう一つは重合機構の解明につながる分子構造の詳細を決めるための赤外吸収スペクトルの測定と電子構造を明らかにするための電子スペクトルの測定であった。

薄膜を合成できることがわかったのであるから，失敗の原因を探るなどの余分なことは時間の無駄遣いで不必要なことだと思われるかもしれない。しかし，種々のスペクトル測定に適した厚みの薄膜を合成するためには，失敗の原因，つまり，薄膜の生成条件を明らかにすることが研究を遂行する上で必然であった。

意外なことに，薄膜合成に必要な触媒濃度は，ポリアセチレン粉末の合成でこれまで伝統的に使ってきた mmol/L の単位ではなく，mol/L の単位である

ことがわかった。通常より千倍も濃い触媒を使わないと薄膜ができないことがわかったのである。いまとなっては本当のことはわからないが，私が当の研究者に渡した触媒の処方箋に誤ってmを書き落としたか，研究者が私の走り書きを読み誤り，mを読み飛ばしてしまったかのどちらかが原因で，千倍も濃い触媒を調製してしまったためであろうと考えた。

　しかし，具体的な実験操作を思い浮かべてみると，この説明はあり得ないことであった。というのは，この触媒成分であるトリエチルアルミニウムとテトラブトキシチタンは共に液体なので体積で量るのが普通であり，体積で数mLの量を使うのが常であったからである。この量の千倍はリットル単位になり，実験室的にそのような多量の触媒を使うことはあり得ないし，合成するための容器はたかだか数百mLでしかなかった。したがって，千倍の量の触媒は反応容器には入るはずがなく，たとえ入れようとしても途中で気が付くはずである。

　当時，研究室では重合実験を頻繁に行っており，mmol/Lオーダーの濃度の触媒を多用していた。このため，溶媒で濃度を千倍に希釈した触媒溶液を，原液と同じ形状の容器に蓄えておくのを習慣としていた。このため本来は希釈した容器から取るべきところを誤って原液の容器から採取してしまったため，結果として体積は同じであるが千倍の量の触媒を使ってしまったのであろう。

　危険を伴うので絶対にしてはならないような濃度の高い触媒を使ったのが失敗の原因だった。当初，失敗の結果できたポリアセチレンはぼろ雑巾のようなかたまりだったが，フィルム状に合成できれば研究を行う上で最適な形態の試料になると直感して，合成条件を変えながらこの失敗実験を繰り返しているうちに，ほどなく金属光沢があるフィルム（**図**1）を合成することができた。

　ともあれ，それほどの時間を経ないで，触媒濃度やアセチレンの圧力，反応時間などを調節することにより，任意の厚さをもつ薄膜を自由に合成できるようになった。同時に赤外吸収スペクトルの測定は順調に進み，分子構造の解明には十分なスペクトルが得られるようになった[9]。

　それまでに合成されてきた粉末状のポリアセチレンとは異なるこのフィルム

図1　ポリアセチレンのフィルム
（撮影：後藤博正）

状ポリアセチレンの合成方法は世界中の研究者から注目を受けて白川法と名付けられ，ポリアセチレンの標準合成法となった。

　正しい実験方法では起こりえないような失敗実験の産物だからといって捨ててしまうことなく研究を続けることにより，当初の研究目的だったアセチレンの重合機構を解明できたばかりでなく，その後，導電性プラスチックという新たな基礎化学分野を切り拓くとともに，さまざまに応用できる導電性プラスチックの発見につながることになった。

　このように，当初の目的を遂行中に起きた偶然や失敗がもとで，目的以上により素晴らしい発明や発見をする能力を**セレンディピティー**（serendipity）という[9]。この言葉はイギリスの作家ホレス・ウォルポールが，1754年1月28日に友人の大学教授ホレス・マンに宛てた手紙の中で初めて使った彼の造語で，ペルシャのおとぎ話『セレンディップの三人の王子』で，主人公たちが思わぬものを偶然や賢明さによって見つけ出す能力からつくった言葉とされている。

　その後，このポリアセチレンフィルムに臭素やヨウ素をドーピングすることにより導電性プラスチックを発見・開発したことが評価されて，ヒーガー（A. J. Heeger, 1936年～），マクダイアミッド（A. G. MacDiarmid, 1927 ～ 2007年）と筆者（白川）の3人が2000年ノーベル化学賞を受賞した。授賞式に先立つ12月8日に行われた受賞記念講演会で，化学賞の選考委員長を務めたベンク

ト・ノルディエン先生がわれわれ三人を「セレンディップの三人の王子」と紹介して下さった。ノルディエン先生はわれわれの研究成果がセレンディピティーの結果生まれたものだったとはいわずに，婉曲に語源になった物語の題名だけで紹介していただいたことに感銘を受けた。ノーベル化学賞選考委員会は導電性プラスチックの誕生が失敗実験であったことまで調べていたということに大変驚くとともに深く感銘を受けたことであった。

II. 実践編

実験をする前に

　化学実験をする前に，必ず守ってもらいたいことがある。それは安全の確保に万全を期すということである。そのために，以下の準備をお願いしたい。

　細かい注意になるが，楽しい実験教室も，事故やケガが起ったら台無しである。万が一に備え，熟読してもらいたい。

実験に適した服装をしよう

1.　実験衣（白衣）を着る

2.　使い切りゴム手袋をしっかりはめる

※実験の性質上，「パウダーフリー」の実験用ラテックスゴム手袋が適している。

3. 保護メガネ（もしくは，スプラッシュシールド）をつける

4. 準備完了

※履物について：滑りやすい靴底や，つま先が出たサンダル，ヒールの高いものは実験に向かないので避ける。

事故防止に関する注意を喚起しよう

　化学実験のため，薬品やガラス器具を使うので，実験に移る前に参加者に対して以下の注意をする。

・実験指導者の指示に必ず従い，勝手に先に進まないこと。

・実験室内で飲食しないこと。

・走りまわったり，勝手に器具・薬品をいじったりしないこと。

・薬品に直接触れてしまったり，薬品が目に入ったりした場合はただちに大量の水で流し，実験指導者の指示をあおぐこと。

・ガラス器具を割ってしまった場合は，慌てて破片を集めたりせず，実験指導者に報告して，処理を頼むこと。

環境対策

　実験によって，廃液や廃棄物が生じるので，適切に処理する必要がある。

・実験で出た廃液は**すべて**廃液タンクに入れ，専門業者に処理を依頼すること。

・7章の高分子有機 EL 素子や8章のペロブスカイト型太陽電池のような，一般のゴミとしての廃棄が難しいものは，**必ず**自治体に処分方法を問い合わせ，指示に従うこと。

3 もっとも簡単な実験
──触媒酸化重合によるポリピロールの合成──

　どこでもだれでも手軽にできる導電性プラスチックの実験がある。鉄触媒を用いてピロールを酸化重合し、ポリピロールを合成する実験である。本章では、ポリピロールについての知識と実験、導電性を確かめる方法について紹介する。

3.1　ポリピロール

　ポリピロールはもっとも普及している導電性プラスチックの一つである[4]~[7]。主要な用途は固体電解コンデンサーの高分子固体電解質（詳細は5章で述べる）であり、ポリピロールは特にドーピング効果に優れ、酸化状態で非常に安定しているという特性をもつ[6],[7]。

　また、比較的安価で合成が容易なことからポリピロールのコンデンサーは、すでに携帯電話やノートパソコン、携帯音楽プレーヤーからゲーム機まで、応用例に事欠かない。ポリピロールを応用した小型・薄型・軽量・高性能のコンデンサーの実現は、そのままモバイルツールの小型化・薄型化・軽量化・高性能化の実現といい換えることができるのである。この点で、現代の社会生活に不可欠なモバイルツールの急速な発展・普及に導電性プラスチックが大きく貢献してきたといえる。

　そんなポリピロールの起源は、1920年代までさかのぼる。その頃すでに、ピロールに酸化剤を加えるとピロールブラックが生成することが知られていた[12]。しかしピロールブラックは溶媒に溶けず熱を加えても融解しない。当時

は不溶不融のために，分析が困難で謎の黒い塊でしかなかったが，実際はポリ
ピロールが含まれていたと考えられる。はっきりとピロールを重合しようとい
う意図をもって行われた例は，1979 年にディアズ（A. F. Diaz）らによってで
ある。初めて電気化学重合（電解重合，詳細は 4 章を参照）によってポリピ
ロールが合成され[13]，この方法でピロールから直接ポリピロール薄膜を得る手
法が定着していく[7),14]。

　ポリピロールは発明から現代に至るまで，絶え間なく研究されてきた歴史を
もつ[4),7),15]。特に導電性プラスチックが誕生して間もない 1980 年代から IT 社
会が到来した 1990 年代，ポリチオフェンやポリアニリン（共に 4 章で詳しく
触れる）とともに，主要な導電性プラスチックとしておおいに研究され
た[4),5),16]。

　金属材料の電気伝導度・熱伝導度が共に高いのとは異なって，導電性プラス
チックは電気をよく導くにもかかわらず，比較的熱を伝えにくく，新たな電子
デバイスの材料としておおいに期待されている[6),7]。

3.2　ピロールの重合反応と触媒のはたらき

　ピロールはベンゼンに代表される芳香族と呼ばれる有機化合物の一つであ
る。ベンゼン環が炭素原子と水素原子だけからできた 6 員環なのに対し，ピ
ロール環は窒素原子を含んだ 5 員環であることを特徴とする。いちいち炭素や
水素を 5 個も 6 個も書くのは面倒だということで，芳香環は**図 3.1**のように略
して描く。

　重要なのはベンゼンやピロールのような芳香環は，環の中で π 電子（パイ
電子）という電子を共有していることで，この構造を共役系と呼ぶ。芳香環ど
うしがうまくつながると，つながった相手とも π 電子を共有して共役系を広
げることができる。重合によってたくさんの芳香環が連なると，さらに共役系
が発達していき，導電性プラスチックができあがる。いずれも 6 π 電子系で化
学的性質は似ている。

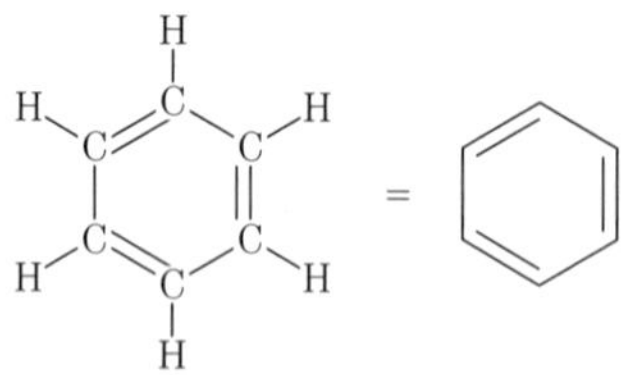

（a）　ベンゼン環

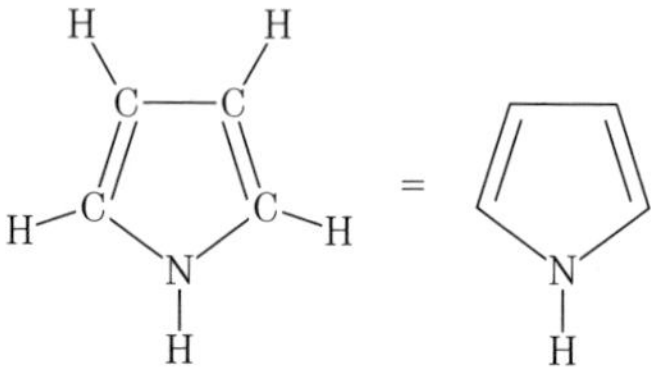

（b）　ピロール環

図3.1　芳　香　環

　初期に用いられた電気化学重合は電気的にピロールを酸化して重合する手法
だが，触媒を用いてピロールを化学的に酸化してポリピロールを得る重合法が
ある。電気化学重合に対して，あえていうなら触媒酸化重合とでもなるだろう
が，どちらも酸化反応であることに変わりはない。

　起こっている反応を触媒に塩化鉄（III）$FeCl_3$を用いた場合を例に，化学式
で書くと**図3.2**のようになる。

　ここで塩化鉄 $FeCl_3$ はもう一つ大切な役割を果たしている。導電性を高める
ドーパントとしての役割である（**図3.3**）。

　ただただ芳香環をつないだだけでは，導電性プラスチックにはならない。仕
上げに「ドーピング」と呼ばれる操作をしなければならない。

　ここでは，塩化鉄 $FeCl_3$ が電子を奪いやすい性質をもつアクセプター（電子

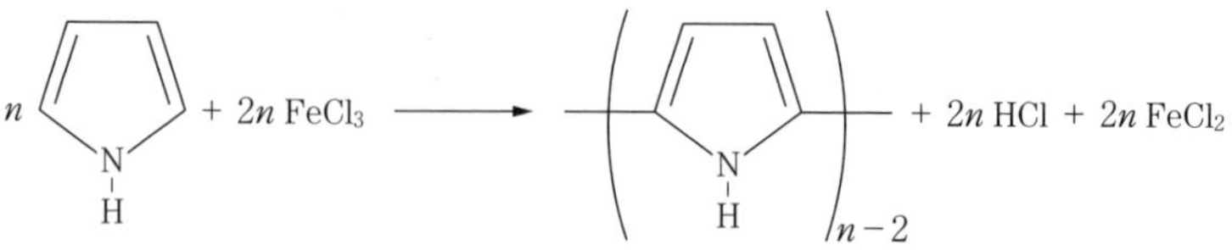

図3.2　ポリピロールの合成

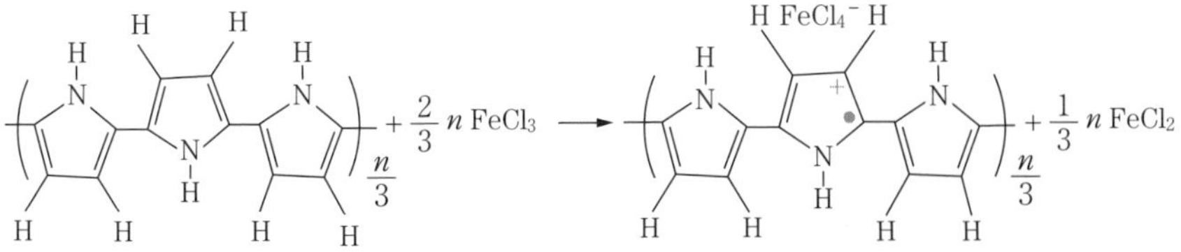

図3.3　塩化鉄 $FeCl_3$ による化学ドーピング

受容体）として作用し，ピロール3個に対し塩化鉄 $FeCl_3$ が1個の割合でくっついて電子1個を引き抜き，ポリピロールに正の電荷をもつポーラロンを生成する。塩化鉄 $FeCl_3$ 自身は不均化反応と呼ばれる反応で $FeCl_4^-$ と $FeCl_2$ となる（図3.3）。

　まとめると塩化鉄 $FeCl_3$ は触媒であると同時に，重合により共役系が発達するとドーパントとしての役割ももち，ポリピロールは $FeCl_4^-$ によって化学ドーピングされている。

　さて，少し話を戻して触媒についても解説しておこう。触媒とは特定の反応を著しく促進する物質のことをいい，ここでは酸化重合反応を促進してくれるような物質と考えれば良い。ピロールの重合触媒には鉄塩（III）が多く用いられる。具体的には塩化鉄（III）$FeCl_3$，過塩素酸鉄（III）$Fe(ClO_4)_3$ や p-トルエンスルホン酸鉄（III）$Fe(OTs)_3$ などである。いずれも水やアルコールに溶けやすいが，有機溶媒中の反応では，それに溶けやすい過塩素酸鉄や p-トルエンスルホン酸鉄（III）（**図3.4**）がよく用いられる。

　水であれ有機溶媒であれ，ピロールを溶解し，触媒となる鉄塩（III）を加えるとたちまち溶液は黒ずんでいき，やがて黒い粉末状のポリピロールが生成する。ピロールブラックの説明（3.1節）でも触れたがポリピロールは不溶不融であるため，プラスチックであるにもかかわらず，加工性は良くない。この短所を改善するために，N 位（窒素原子）の水素原子をアルキル基などで置換したポリピロールも存在するが，電気伝導度が下がってしまうなど，導電性プラスチックとして利用するには難がある。ただし，液晶基のような特殊な置換基を N 位に導入したポリピロールもよく研究されており，その機能性を応用し

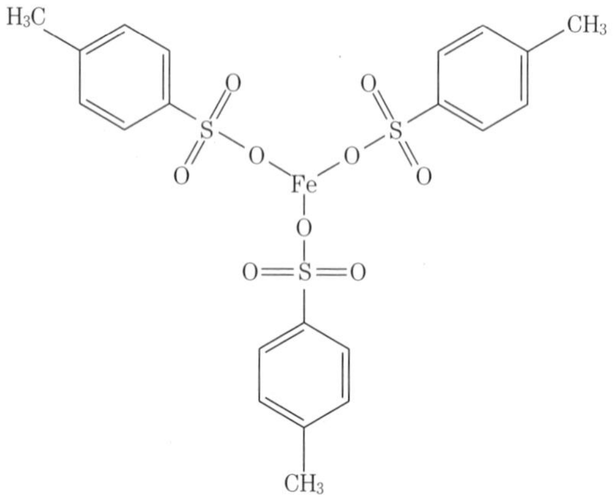

図 3.4 *p*-トルエンスルホン酸鉄（Ⅲ）

た用途も開発されている[6),7),12)]。

　さぁ，ここまで読んだ方は，実際にポリピロールがどんな物質なのか，合成して触れてみたくなったことだろう。早速，実験してみよう。

3.3　実　　　験

【レベル】小学 4 年生以上

【実験場所】理科室・実験室・科学館（通気を良くして行うこと）

【実験時間】1 〜 2 時間（準備・後片付けを除く）

　電極上での反応である電気化学重合も，溶液中で粉末状のポリピロールが生成する触媒酸化重合も，大面積のポリピロールを得るのは困難である。しかし，触媒を塗布したシートをピロールの蒸気に触れさせると，重合反応が起こり，ポリピロール薄膜が簡単に得られる。黄褐色の鉄触媒に対して，ポリピロールは黒色であるため，反応が起こったことは一目瞭然である。

　実験としての面白さと，導電性プラスチックが実際に電気をとおすことを確認するという重要な操作に必要であることから，「トオル君」（**図 3.5**，3 章のブレイク：導電チェッカー「トオル君」のつくり方を参照）の工作を同時に行

図 3.5　導電チェッカー「トオル君」

うことが望ましい。

　触媒には入手しやすさから塩化鉄 $FeCl_3$ を使用し，あとはピロールさえ購入できれば，小中学校の理科室でも十分に実験可能である。のちに洗濯のりを加えるので，結果的に水が入ることを考えると，塩化鉄は無水物である必要はなく，六水和物 $FeCl_3 \cdot 6H_2O$ を使用しても良い。

【器具】

　□ビーカー（50 mL 用）……1

　□電子天秤（感量 0.1 g）……1

　□メスシリンダー（50 mL 用）……1

　□薬さじ……1

　□ガラス棒……1

　□ヘアドライヤー……1

　□シャーレ（90 mmϕ）……1

　□OHP シート（100 mm×100 mm×0.1 mm，市販品を加工）……各 1[†]

　□ろ紙（No.1，240 mmϕ）……各 1

　□マスキングテープ……各 1

　□ポリスポイト（**図 3.6**）……各 1

　□試験管（30 mmϕ×200 mm，**リムなし**）……各 1

---

†　実験者一人ひとりに必要な数量は「各 1」のように記す。

図 3.6　ポリスポイト（0.3 〜 0.5 mL
に印をつけておく）

□キムワイプ[†]

【試薬】（20 〜 30 人分，図 3.7（ a ））

　　□塩化鉄 $FeCl_3$　5.0 g（または塩化鉄 $FeCl_3 \cdot 6H_2O$　8.3 g）

　　□ピロール　10 g 程度

　　□エタノール　5.0 mL

【その他の材料】（20 〜 30 人分，図 3.7（ b ））

　　□洗濯のり（PVA を主成分とする市販品☞ **Point 1**）約 20 mL

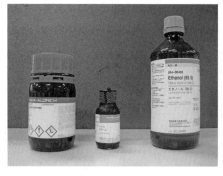

（ a ）　試薬：塩化鉄，ピロール，エタノール　　　　（ b ）　洗濯のり
　　　　（左から順）

図 3.7　今回の実験で用いる試薬と洗濯のり（左から順）

---

†　本書で使用している会社名，製品名は，一般に各社の商標または登録商標である。本
　書では® とTM，© は明記していない。

【実験操作】

Step 0　（事前準備）触媒溶液をつくる（**図 3.8**）

1.　電子天秤にビーカーをのせて塩化鉄 $FeCl_3$　2.0 g を量り取り，エタノール 5.0 mL を入れて溶かす。

2.　洗濯のりを約 20 mL 加え，均一になるまでかくはんする（可能ならマグネチックスターラーを使用したほうが楽である）。

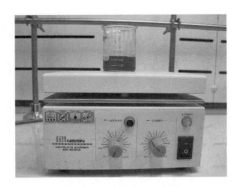

（a）　塩化鉄の秤量　　　　（b）　マグネチックスターラーによるかくはん

図 3.8　触媒溶液をつくる

Step 1　触媒溶液を塗る（**図 3.9**）

1.　ろ紙をマスキングテープで実験台に固定する（図（a））。

2.　OHP シートを**ろ紙の中心よりも少し下側に置いて**，マスキングテープで実験台に固定する（図（b））。

3.　ポリスポイトで触媒溶液を OHP シートの**手前側に一直線にのせる**（図（c））。

4.　試験管に軽く手を添え，**回転させないように注意しながら**，手前から奥にスライドさせ，OHP シートに触媒溶液を塗りつける（図（d））。

5.　この際，試験管は OHP シートの**向こう側までスライド**させて，あまった触媒溶液を上部のろ紙に吸収させる（図（e））。

6.　ヘアドライヤー（OHP シートから **20 cm 程度離し，温風「弱」**）で触媒溶液を乾かす（図（f））。

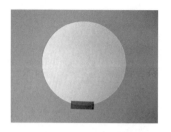

（a）　ろ紙を固定する

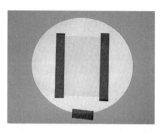

（b）　OHP シートを固定する

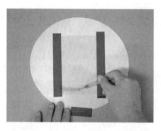

（c）　触媒溶液をのせる

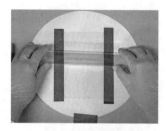

（d）　触媒溶液を塗る

（e）　あまった触媒溶液を吸収させる

（f）　触媒溶液を乾かす

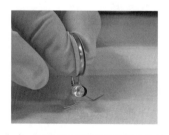

（g）　触媒だけの導電性を確かめる

図 3.9　触媒溶液の塗布

7. できた膜を導電チェッカー「トオル君」で触れてみて「**触媒のみでは電気がとおらない**」ことを確かめる（図（g））。触媒が十分に乾いていないとイオン伝導により「トオル君」が点灯することがある。☞ **Point 4**

Step 2 ピロールの重合と導電性の確認（**図3.10**）

1. シャーレの底にキムワイプを1枚敷き，一様に濡れる程度にピロールを浸み込ませて蓋をしておく（図（a））。

2. Step 1でつくったシートを触媒を塗った面を下にして，シャーレを覆うように置き，ピロールの蒸気に10～25秒さらす（図（b），シャーレをろ紙上に置くと変化が見やすい）。

3. できたポリピロールの黒い膜を観察する（図（c））。

4. 導電チェッカー「トオル君」で黒い膜に触れてみて，合成したポリピ

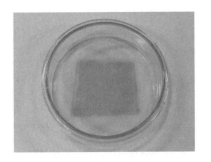

（a） ピロールを準備する

（b） ピロールを重合する

（c） ポリピロールを観察する

（d） 導電性を確かめる

図3.10 ピロールの重合と合成したポリピロールの導電性の確認

ロールに電気がとおることを確かめる（図（d））。

【実験のコツと注意点】

Point 1　触媒溶液についての注意点

　塩化鉄は空気中の水分を吸って溶液になる性質（潮解性）をもつので，すばやく 秤 量する。塩化鉄は触媒溶液の中で加水分解して**強い酸性**を示す。よって，**皮膚についたり，目に入ったりした場合はただちに大量の水で洗い流す**こと。

　また，触媒溶液を塗りやすくするために加える**ポリビニルアルコール（PVA）は，市販の洗濯のりが望ましい**。ただ市販されている洗濯のりの中には，ポリ酢酸ビニルを用いたものもあるので，主成分がPVAであることを確認してから使って欲しい。

　こぼれ話になるが，筆者（廣木）が以前タイ王国の科学高校で本実験を行った際，準備段階で「市販の洗濯のりを用意してくれ」と依頼したところ，「成分はなにか？」と質問してきた。そこで「ポリビニルアルコールと水である」と返答しておいた。タイに渡航して実験室に行くと，用意されていたのは試薬のポリビニルアルコールの粉末。どうやらはるばる日本から先生が来るので，実験用の純度の高い試薬でないと失礼だと気を遣ってくれたらしい。化学に詳しい読者ならお気づきかもしれないが，このあと筆者は汗だくになりながら，必死でポリビニルアルコールを水に溶かしたのである。このように実験教室では予期せぬことがたびたび起きる。

Point 2　ピロールは臭い

　ピロールやチオフェンなど，本書に登場する導電性プラスチックの原料となる芳香族有機化合物は，はっきりいって「**くさい**」。臭いだけなら多少は我慢のしようもあるが，人体に有害とくるから気合だけではどうにもならない。しかも厄介なことに，有機化合物の蒸気は空気より重く，空間にたまりやすい性質をもつ。したがって，**実験室の通気を良くして行うことは当然として，実験によっては局所排気装置であるドラフトチャンバー（図3.11）を備えていることが必須**となる。万が一，実験中に気分が悪くなった場合はただちに実験室

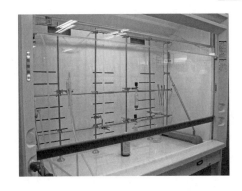

図 3.11　ドラフトチャンバー

から出て，回復するまで新鮮な空気を吸うことが大事である。

Point 3　あれっ？　重合しない？？

　触媒溶液をしっかり塗り付けて，OHP シートをピロールの蒸気にさらしたのに，さっぱり重合してくれないという事態がしばしば起こる（特に，寒い実験室で）。これはピロールが十分に蒸発していないために起こるので，こういう場合は慌てずに，シャーレの底を手の平で温めてみよう。なお，筆者（白川）は以前，使い捨てカイロで温めたこともある。

　このことから，**ある濃度以上のピロール蒸気と触媒が接触することが，重合が起こるための条件**と考えて良い。よって，重合直前までシャーレは蓋をしておいて，蓋を開けたらすぐに OHP シートで覆い，濃いピロール蒸気に触媒をさらして重合するのがコツである。また，**図 3.12** のように，開けたシャーレの蓋を OHP シートの上に置き，ピロールの入ったシャーレと OHP シートを密着させるのも良い工夫である。

図 3.12　ピロールの重合で使える一工夫

Point 4　触媒だけでも電気がとおる？

　この実験の見せ場の一つは，触媒のみだと電気がとおらないのに，ポリピロールができると見事に電気がとおって，トオル君の LED が光る瞬間である。しかしときとして，触媒だけでも電気がとおってしまうことがある。これは**乾燥が不十分なため**で，**触媒溶液のイオン伝導に起因**する。ところが乾燥しすぎても重合が進みにくくなるという難点がある。どの程度まで乾かせばうまくいくかは何度か試して見極めるしかなく，事前に何度かリハーサルをして，ここぞという勘所を心得ておくことをお勧めしたい。

■ブレイク　導電チェッカー「トオル君」のつくり方

　本章の実験で重要な役割を果たすのが導電チェッカー「トオル君」である（図3.5）。ポリピロールを合成して「はい，その黒い膜が導電性プラスチックです」と自信満々にいわれても，へぇ〜とは思うが，ポカンとしてしまうし，本当かなぁと疑いたくもなる。

　せっかく導電性プラスチックを合成したのだから，本当に電気がとおるのか確かめてみなくては，なにか肝心なものが欠けているようで，どうにもすっきりしない。市販のテスターで抵抗が変化することを確認できるが，なにか微妙……パッとしない……。

　そんな不満を解決してくれるのが「トオル君」である。かつて東京・お台場の日本科学未来館のボランティアだった佐伯 聡が考案し，現在もボランティアチーム「ノーベル隊」に引き継がれている。小学生でも簡単な工作でつくれるとあって，イベントでも人気を博している。もちろん日本科学未来館で行われている実験教室「ノーベル賞化学者からのメッセージ『白川英樹博士×実験工房』」でも大活躍しており，導電性プラスチックの実験にはなくてはならないものになった。

　ここで，そのつくり方を紹介する。まず，回路図は**図3.13**のようになる。何の変哲もない回路のようだが，これを導電チェッカーに使おうと思いついた発想はさすがである。

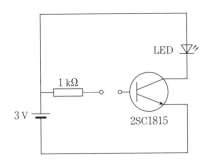

図 3.13 導電チェッカー「トオル君」の回路図（真ん中の二つの○が接触端子）

　続いて，**図 3.14 〜図 3.16** に実際に導電チェッカー「トオル君」を組み立てる方法を示す（文献 17 を一部改変）。

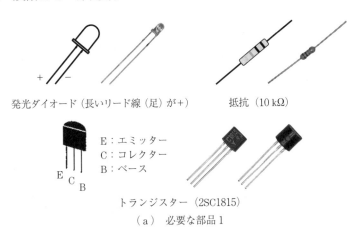

発光ダイオード（長いリード線（足）が＋）　　　　　　　抵抗（10 kΩ）

E：エミッター
C：コレクター
B：ベース

トランジスター（2SC1815）

（a）　必要な部品 1

幅 1 cm の銅箔テープを長さ
1 cm に切ったもの 2 片

ボタン電池（3 V）　　　導電性粘着剤付銅箔テープ

丸型透明シール　　　　　　　　丸型シール

（b）　必要な部品 2

図 3.14　「トオル君」の部品

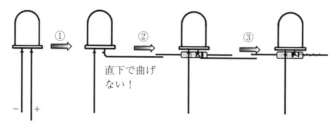

① 発光ダイオードの長い足（＋側）が右側になるようにして，長い足を直角に曲げる。
② 抵抗を発光ダイオードの後ろ側に置く。
③ 直角に曲げた発光ダイオードの長い足に抵抗の右側の足を巻きつける。
　　　　　　（この逆をすると発光ダイオードの足が折れる！）

（a）　組立て前の準備1

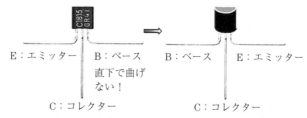

④ トランジスターの足を直角に曲げ，曲面を前にする

（b）　組立て前の準備2

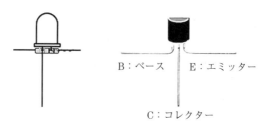

この図のようになっていれば準備 O.K.

（c）　組立て前の準備3

図 3.15　「トオル君」の組立て前の準備

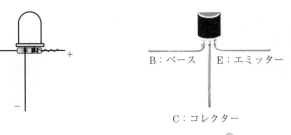

B：ベース　　E：エミッター

C：コレクター

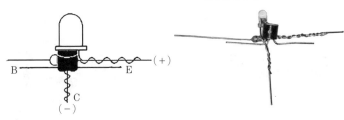

B

E　（+）

C
（−）

① トランジスターの湾曲面を手前にして，発光ダイオードの曲げていない足
　　に，トランジスターの真ん中の足（C）を巻きつける。

（a）　組立て方1

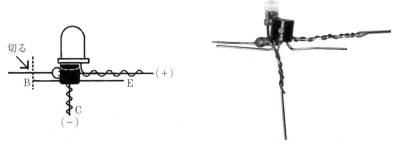

切る

B

E　（+）

C
（−）

② 図のように，トランジスターの足の長さに合わせて，抵抗の足をニッパーで切る

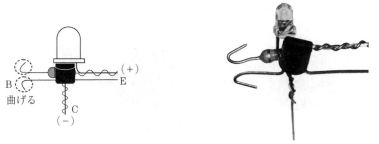

B
曲げる

E　（+）

C
（−）

③ 図のように抵抗とトランジスターの足をラジオペンチで曲げる

（b）　組立て方2

図 3.16　導電チェッカー「トオル君」の組立て方

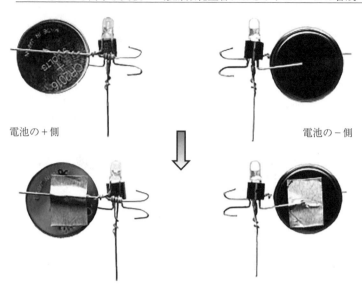

④ ボタン電池のプラスとマイナスを間違えないように，図のようにはさんで，まず
　 銅箔テープで足（リード線）を固定する。

（c）　組立て方3

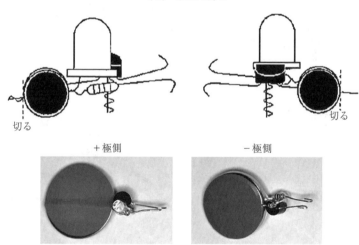

⑤ 丸形透明シールをその上から貼って固定し，最後に赤・青の丸形シールを貼り，はみ出
　 た線をニッパーで切る。

（d）　組立て方4

図 3.16　（つづき）

原文での注意書き

警告
・充電，ショート，分解，加熱，火中投入しないでください
・他の金属や電池とは混ぜないでください
・廃棄や保存はテープなどで巻きつけて絶縁してください
・電池は幼児の手の届かないところにおいてください
・万一飲み込んだ場合は，医師にご相談ください

注意
・プラス，マイナスを正しく使ってください
・電池を廃棄する場合は，各自治体の指示に従ってください

※なお，「警告」はボタン電池と「トオル君」そのものに対しての注意です。

「トオル君」は日本科学未来館のボランティアをされていた佐伯 聡さんが考案し，ノーベル
かがくショー実演チーム「ノーベル隊」が開発しました。図の一部は科学コミュニケーター
の中川映理さんが作成しました[†]。

図 3.16　（つづき）

　だれでもできるように，また，簡単な部品と手近な工具で組み立てられるよう，
工夫されているので，これだけでも工作教室として成り立つのは納得できるし，十
分楽しめる。そして自ら組み立てた「トオル君」がお土産になる。
　さらに良いことには家でも学校でも，なにに電気がとおり，なにに電気がとおら
ないのか，実験ができる。これほど素晴らしい教材はなかなか存在しない。化学は
教室や実験室のみにあるのではなく，どこにでも，だれの傍らにも存在する身近な
存在なのである。

---

† 　所属は 2011 年 3 月時点の情報。

4 電気でつくる電気をとおすプラスチック
── 電気化学重合によるポリアニリンと
ポリチオフェンの合成 ──

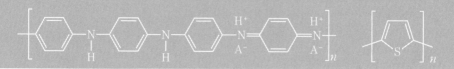

　　導電性プラスチックが一般に広く研究され応用される一因となった重合法がある。それは電気化学重合法または電解重合法である。ピロール，アニリンやチオフェンといった芳香族有機化合物を電気化学的な酸化反応で重合して，ポリピロール，ポリアニリンやポリチオフェンを合成する方法である。本章では，ポリアニリンとポリチオフェンについての知識と実験，導電性プラスチックの性質を大きく左右するドーピングと，応用例としてのエレクトロクロミズムについて紹介する。

4.1　ポリアニリン

　　高校の化学の教科書に興味深い記述がある。曰く，「アニリンにさらし粉を加えると黒い粉末状のアニリンブラックができる」と。これはアニリンの定性反応として紹介されているのだが，じつはこの黒い物質は単一の化合物ではなく，ポリアニリンも含んでいる。つまり，アニリンを酸化作用のあるさらし粉（次亜塩素酸カルシウム $Ca(ClO)_2$）で触媒酸化してポリアニリンに近い物質を得たわけである。

　　アニリンブラックの歴史は古い。ドイツの化学者ルンゲ（F. F. Runge，1795〜1867 年）は，1834 年にコールタールに含まれる成分の一つとしてアニリンを研究し，酸化剤を加えると青っぽい物質が生成することを示した[18), 19)]。これをきっかけの一つにアニリンを原料とした化学合成染料が発達した結果，高価な天然染料に取って代わり，19 世紀末から 20 世紀初頭，ドイツ化学工業の隆盛に寄与している。余談ながら，ルンゲはコーヒーからカフェインを単離した

化学者としても歴史に名を残している。

　アニリンはベンゼン環にアミノ基-NH₂が結合したもっとも簡単な芳香族ア
ミンであるが（**図4.1**），アニリンの電気化学重合について調べてみて驚いた。
筆者（白川）と共に2000年にノーベル化学賞を共同受賞したマクダイアミッ
ドのノーベルレクチャーをもとにひも解くと[20]，イギリスの化学者レスビー
（H. Letheby, 1816〜1876年）が，1862年にアニリン硫酸塩溶液に過酸化物
を加えると着色した物質ができること，そして電池を使って電気分解すると陽
極が青色に着色することを論文に書いていることを知った[21]。もっとも，レス
ビーの興味は，しばしばアニリンと似た構造を有するアルカロイドと呼ばれる
化合物群が同じような反応性を有することから，アルカロイドの検出に役立つ
と考えたことのようだ。

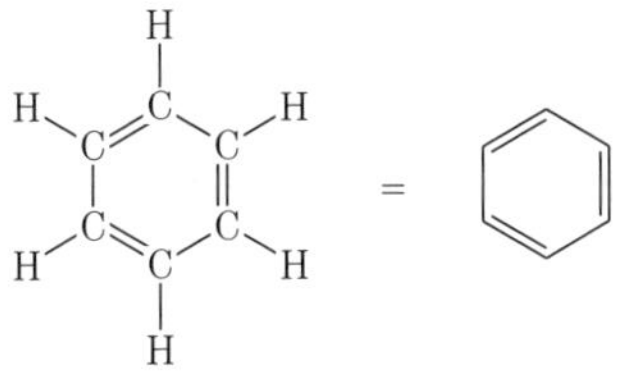

（a）ベンゼン

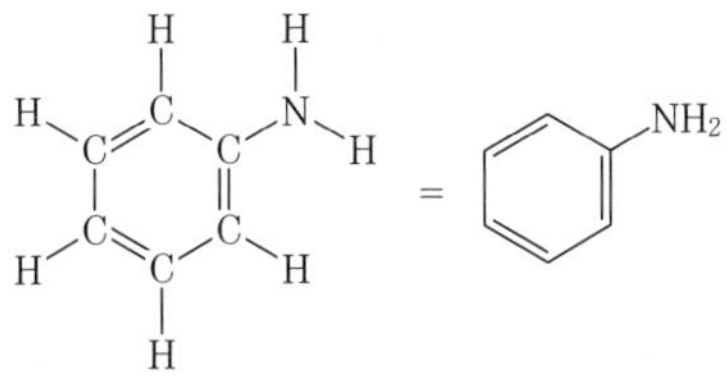

（b）アニリン

図4.1　ベンゼンとアニリン

　レスビーは電気分解を行ったが，電気化学重合を行ったつもりなど毛頭な
く，ポリアニリンができていようなどとは知る由もなかったはずである。なに
しろ，高分子という考え方は半世紀以上も後の1920年にドイツの化学者シュ
タウディンガー（H. Staudinger, 1881〜1965年，高分子の研究により1953

年ノーベル化学賞受賞）によってなされた画期的な提案によるものである以上[22]，そもそも，3.1 節で紹介したピロールブラックが当初正体不明だったように，分子構造の解析にも限界があった 19 世紀半ばにあっては，ただただ不可思議な電極の変色でしかなかっただろう。

　ポリアニリンは 1980 年代以降，盛んに研究された導電性プラスチックである[23),24]。アニリン硫酸塩の触媒酸化重合によってエメラルジン塩と呼ばれる深緑色の溶液が得られる（**図 4.2**）。重合触媒にはペルオキソ二硫酸アンモニウム（$(NH_4)_2S_2O_8$（APS）やペルオキソ二硫酸カリウム $K_2S_2O_8$（KPS）など，過硫酸塩がよく用いられる[25]。

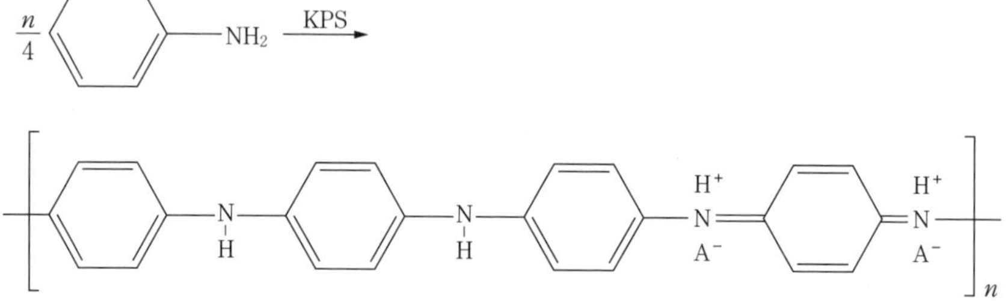

図 4.2　アニリンの触媒酸化重合

　ポリアニリンにはエメラルジン塩溶液を塗布することで，導電性プラスチックの薄膜ができるという加工性の良さがある。この点で重合してしまったら最後，不溶不融になってしまうポリピロールやポリチオフェンとは違って大きな長所をもっているといえる。

　実際に，ポリアニリン溶液はずいぶん前から市販されており，いまや驚くなかれ，アメリカでは大手ネット通販サイトでも購入することもできるのだから，いかに普及しているかが伺える。おそらく，導電性プラスチックの中では比較的安価なことが普及の一因と考えられるが，実際，ポリアニリンの応用範囲は幅広い。いち早く実用化された二次電池，固体電解コンデンサーや有機系太陽電池のホール輸送層など電子デバイス関連の用途から，静電気を取り除く帯電防止材料やコピー機のトナー落としなど身近な例も数多い[6),26]。ほかにも

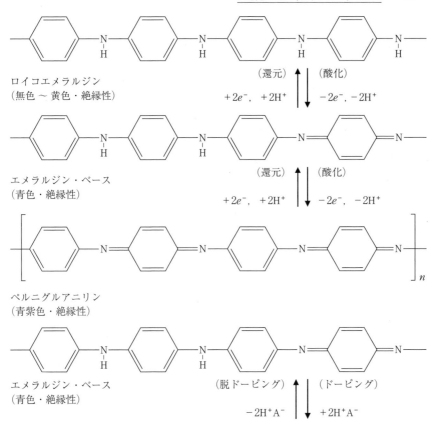

ロイコエメラルジン
（無色 ～ 黄色・絶縁性）

（還元）↑｜（酸化）

$+2e^-, +2H^+$ ｜ $-2e^-, -2H^+$

エメラルジン・ベース
（青色・絶縁性）

（還元）↑｜（酸化）

$+2e^-, +2H^+$ ｜ $-2e^-, -2H^+$

ペルニグルアニリン
（青紫色・絶縁性）

エメラルジン・ベース
（青色・絶縁性）

（脱ドーピング）↑｜（ドーピング）

$-2H^+A^-$ ｜ $+2H^+A^-$

（a） ロイコエメラルジン・エメラルジン・ベース・ペルニグルアニリン

エメラルジン塩
（深緑色・導電性）

（b） エメラルジン塩

図4.3　ポリアニリンの四つの状態

ドーパント（2章で詳しく触れた）に光学活性を有するカンファースルホン酸
や界面活性作用を有するドデシルベンゼンスルホン酸，高分子ドーパントであ

るポリスチレンスルホン酸（PSS）のような特殊なドーパントを用いて，機能性を高めたポリアニリンも開発されている。無機材料とのハイブリッド化，センサーやアクチュエーターとしての応用も多様な研究がなされている[7), 27)〜30)]。

　ポリアニリンの特筆すべき性質は，酸化還元状態によって，**図 4.3** のような四つの異なる状態を取りうるということである。完全に還元された無色のロイコエメラルジン（leucoemeraldine），半酸化状態で青色のエメラルジン・ベース（emeraldine base），完全に酸化された青紫色のペルニグルアニリン（pernigraniline），そしてエメラルジン・ベースから生じる深い緑色のエメラルジン塩（エメラルジンソルト，emeraldine salt）の 4 種類である。それらのうち前三者は絶縁性を示し，半酸化状態でエメラルジン塩と呼ばれる構造のみが導電性を示す。

　合成法としては，触媒酸化重合（図 4.2），電気化学重合，共によく用いられ，重合は**図 4.4** に示したような反応を繰り返すことで進行する。

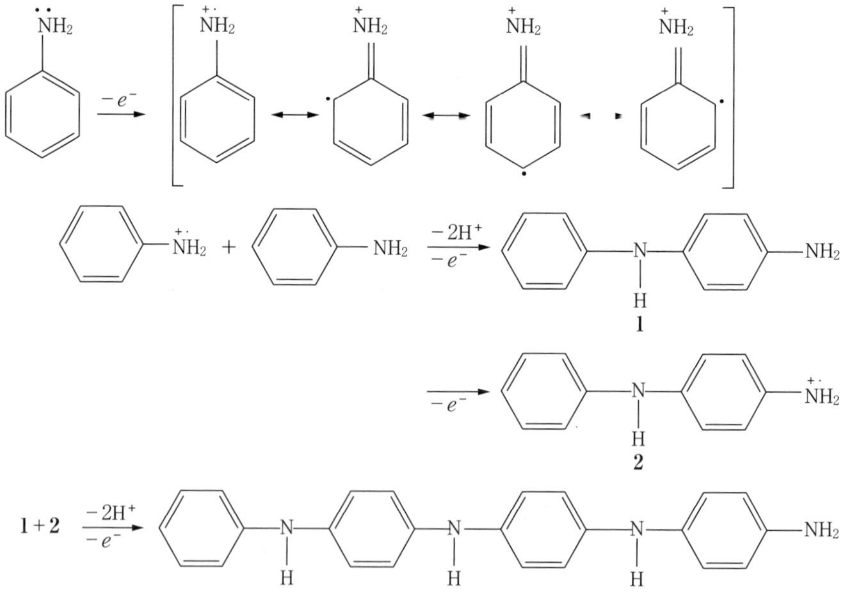

図 4.4　ポリアニリンの重合反応

4.2 ポリチオフェン

　ポリアニリンやポリピロールと同様に，導電性プラスチックの黎明期から，よく研究されてきた導電性プラスチックにポリチオフェンがある[6),7)]。ポリチオフェンは電気化学重合によって，1980年に初めて合成された[31)]。

　ピロールは窒素原子Nをもつ芳香族有機化合物であるが，チオフェンは炭素原子C，水素原子H，そして窒素原子の代わりに硫黄原子Sを有する（**図4.5**）。ベンゼンやピロールと似通った性質をもつが，ピロールと違って水にはほとんど溶けない。

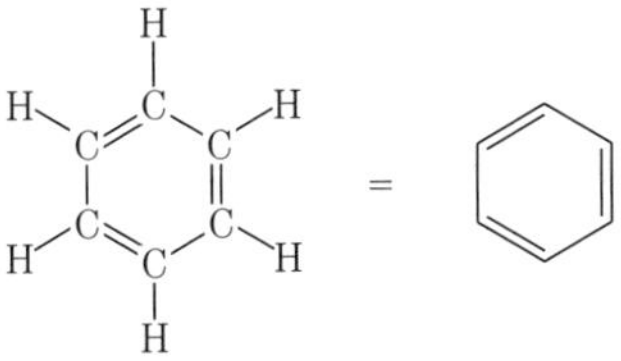

（a）　ベンゼン

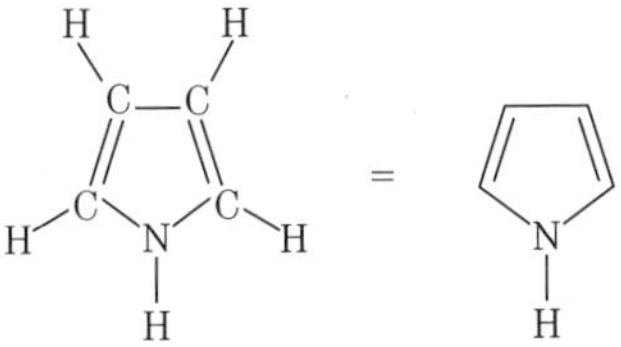

（b）　ピロール

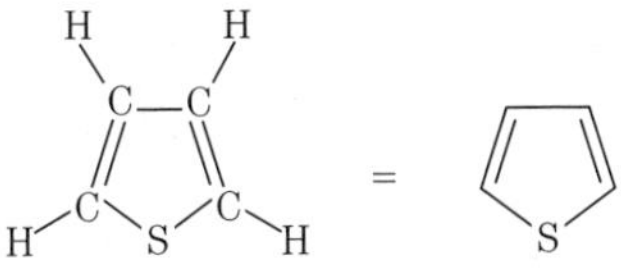

（c）　チオフェン

図4.5　ベンゼン，ピロール，
およびチオフェン

　ポリピロールが固体電解コンデンサーなど，すでに応用されているのに比べ
ると，ポリチオフェンそのものは実用化されているとはいいがたい。やはり，
置換基をもたないポリチオフェンが不溶不融である加工性の悪さは，応用の支
障になっている。この弱点を克服するために，3-位に置換基，例えば，アルキ
ル基を導入してクロロホルム $CHCl_3$ のような有機溶媒に可溶化したポリチオ
フェンが合成されている。一例として，**図 4.6**（a）に 3-オクチルポリチオ
フェンを示す。

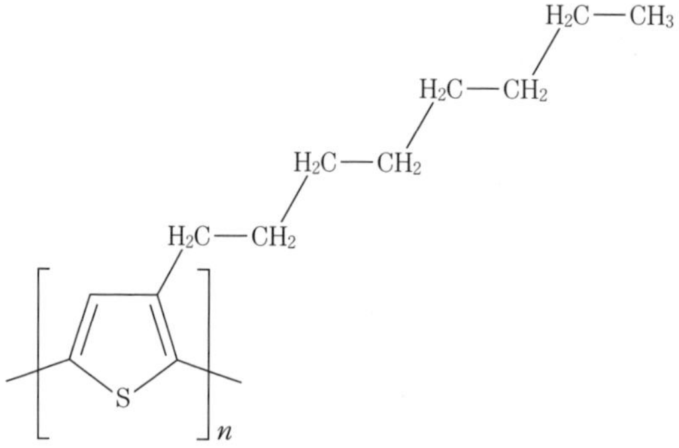

（a）　3-オクチルポリチオフェン 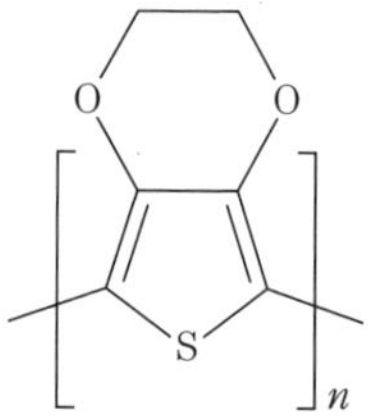　　　　　　（b）　PEDOT

図 4.6　3-オクチルポリチオフェンおよび PEDOT

　また，ポリ（3,4,-エチレンジオキシチオフェン）（poly (3, 4-ethylenedioxy-
thiophene)，PEDOT，図 4.6（b））はポリチオフェン類でもっとも普及して
いるといって良いが，詳しくは 6 章で述べる。

　3-アルキルチオフェンは，フラーレン C_{60} と組み合わせて有機薄膜太陽電池
の光電変換層，有機 EL 素子の発光層，有機系ダイオードや電界効果トランジ
スター（TFT），センサーなどさまざまな用途で開発がなされているが，こち
らもまだ研究の域にとどまる[32),33)]。これらの用途がいずれもドーピングされて
いない半導体状態（2 章で詳しく触れた）での応用を目指しているのは興味深
く，ここがドーピング状態ですでに普及しているポリピロールやポリアニリン
との違いである。

　唯一例外的に実用化されているのが，3-位と，4-位にまたがる形でエチレンジオキシ基 -OCH₂CH₂O- を導入したポリ（3,4-エチレンジオキシチオフェン）であり（図4.6），それがドーピングされた導体状態での応用であることは，さらに興味を深めてくれる。

　置換基をもたないポリチオフェンの合成には電気化学重合と触媒酸化重合が用いられ[34),35)]，特に前者でポリチオフェンの薄膜を得る（**図4.7**）。

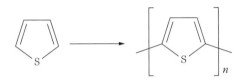

図4.7　ポリチオフェンの合成法

　3-置換チオフェンを合成するには，まず3-置換チオフェンの 2-,5-位を臭素原子 Br やヨウ素原子 I といったハロゲンで置換した2,5-ジブロモアルキルチオフェンを合成する。これをニッケル（0）錯体を触媒にして脱ハロゲン縮合重合して合成する，通称 Yamamoto 法と呼ばれる重合法を用いる。ちなみに，Yamamoto 法は置換基のついた導電性プラスチック，例えば，3章に登場する N-置換ポリピロールなどの合成法として一般的に用いられる。

　ほかの方法として，パラジウム Pd（0）錯体と有機スズ Sn を用いる Migita-Kosugi-Stille カップリングやパラジウム Pd（0）錯体と有機ホウ酸エステルを用いる Suzuki-Miyaura カップリングなど，いわゆるクロスカップリング反応（2010 年ノーベル化学賞）もよく用いる合成法である。

4.3　電気化学重合

　3章でポリピロールを得るために用いた方法は，触媒を使ってピロールを化学的に酸化する触媒酸化重合だった。この触媒酸化重合はピロールと触媒を混ぜるだけ，あるいは触媒を基板の表面に塗ってピロールの蒸気にさらすだけという手軽さはあるが，必然的に触媒とポリピロールの混合物になってしまうの

で，純粋な導電性プラスチックを得るには触媒を除くという操作が必要となる。

　他方，電気化学重合は反応が電極上に限られるという弱点はあるものの，置換基のないピロールやチオフェンから，好みの厚さをもった導電性プラスチック薄膜が簡単な操作で得られるというありがたみは捨てがたく，現在でもしばしば用いられる。

　電気化学重合，または電解重合というほうがなじみのある方も多いと思うが，1980年代，導電性プラスチックを得るのにもっともよく行われた合成法である。筆者（廣木）が白川・木島研究室に入った1999年当時にあっても，ポリピロールやポリアニリンを合成するため，2枚の白金板とポテンショスタットを用いて電気化学重合が行われていた。ポテンショスタットとは作用電極（電気化学重合では陽極を指す）の電位を一定に保つことができる高性能の直流電源装置であり，これを用いることで電気的に制御しながら一定条件の下で重合が行える。この方法は1980年代から現在まで，ほぼ変わっていない（図4.8）。

　ここで「支持電解質」という耳慣れない物質がどうしても必要になる。中学校の教科書にも書いてあるが，電解質とは溶液中で陽イオンと陰イオンに電離

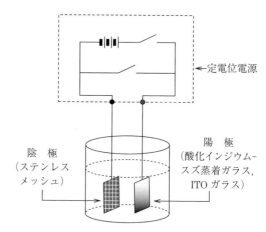

図4.8　電気化学重合装置の概略図

する物質のことで，多くは塩である。ではなぜ塩を加えるのか？　教科書には，こうも書いてある。「砂糖（ショ糖，スクロース）は非電解質で電離しないため，その溶液は電気が流れない」と。じつはショ糖に代表される有機化合物の多くが非電解質であり，それらの溶液は電気を導かない。

　チオフェンもピロールも有機化合物である。さぁ困った，これだけを溶媒に溶かして電気化学重合しようにも，肝心の電気が流れない！　そこで溶液に電気が流れるようにするために加えるのが，支持電解質と呼ばれる塩である。ポリアニリンの電気化学重合だけは例外で，重合に用いるのはアニリン硫酸塩溶液など，すでに塩が溶けた状態のため，そのままでも電気が流れる。

　電気化学重合では通常の電気分解と同じように，陽極で酸化反応（電子を奪う反応）が起こり，陰極で還元反応（電子を与える反応）が起こる。この点で，電解めっきに近いものがある。チオフェンの場合は，チオフェンが陽極に電子を奪われて酸化されるのを繰り返しながら，重合されていき，ポリチオフェンができる（**図4.9**）。

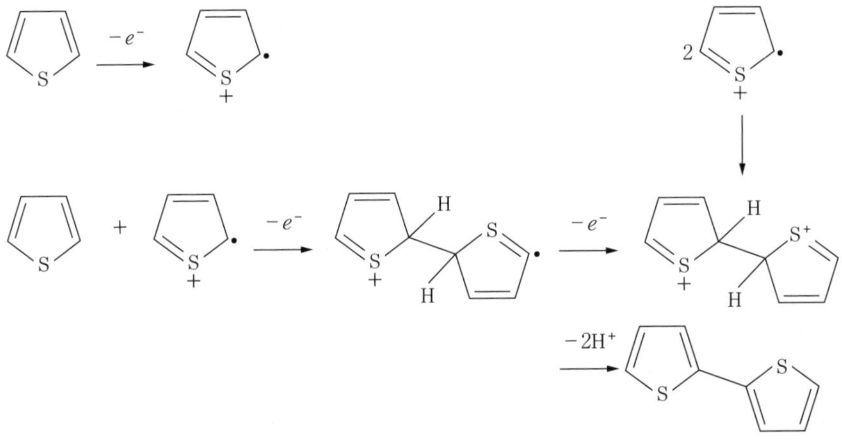

図4.9　チオフェンの電気化学重合

　溶媒と支持電解質，電極の選択は注意が必要である。溶媒はチオフェンやピロールを溶解できる必要があるのは当然として，支持電解質もまたその溶媒に溶けなくてはならない。また電気化学重合によって，チオフェンやピロールよ

りも溶媒・支持電解質・電極が酸化されやすいと，それらが先に反応してしまうので，好ましくない。もっとも，ピロールは $0.6\,\mathrm{V}$（vs SCE），チオフェン $1.6\,\mathrm{V}$（vs SCE）など導電性プラスチックの原料は比較的低い電位で酸化される[36)〜38)]。ここで，「vs SCE」は「飽和カロメル電極に対しての電位」という意味で，サイクリックボルタンメトリー（CV）と呼ばれる電気化学測定法によって求められた酸化電位である。詳しく知りたい方は電気化学の専門書を当たって欲しい[39)〜41)]。とにもかくにも溶媒・支持電解質・電極を適切に選択すれば，チオフェンやピロールは陽極で容易に重合できるが，反応に十分な電流を流そうとすると，実際にはそれよりも高い電圧を印加する必要がある。

4.4　エレクトロクロミズムとドーピング

　電気によって物質の色が変化する現象をエレクトロクロミズムという。物質に電圧を加えると酸化還元反応が起こったり，ラジカル（不対電子をもつ原子や分子，多くは不安定）が発生したりすることが発色の原因である。

　導電性プラスチックのエレクトロクロミズムはどのようにして起こるのだろうか。ポリチオフェンを例に考えてみよう。4.5節の実験において，陽極では酸化反応によりチオフェンの重合が進行する（図4.9）。それと同時に，生成したポリチオフェンから一部の電子が電気化学的に奪われ，プラスの電荷が生じ，いわゆる p 型ドーピングが起こる（**図4.10**）。重合直後は電気的に中性のポリチオフェン（a）は，陽極により段階的に酸化され，ポーラロン（b）を経てバイポーラロン（c）の状態になる。

　ここで陽極と陰極を入れ替えて，逆向きの電流を流したとしよう。すると，酸化状態にあったポリチオフェンは陰極で還元されて（電子をもらって），脱ドーピング状態になり，導電性から半導体性に変化する。経路は先ほどとは逆にバイポーラロン（c）からポーラロン（b）を経て，元の電気的に中性のポリチオフェン（a）へと還元が行われる（図4.10）。

　これらの酸化還元反応による分子構造の変化が，色の変化を生じさせ，エレ

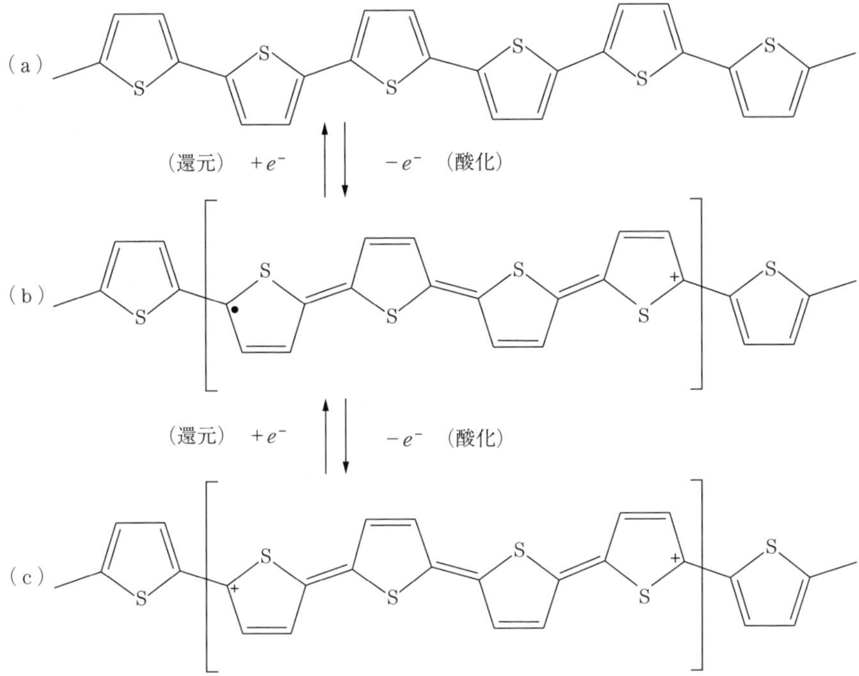

図 4.10 ポリチオフェンの電気化学ドーピング

クトロクロミズムとして観察されるわけである。

p 型ドーピングは見方を変えると，電子を奪うことで正孔が生じ，同時に対になるアニオン（カウンターアニオンという）を導入していると説明できる。もう一つの見方は，p 型ドーピングにより正の電荷が導入されることであり，4 章で詳しく述べる二次電池の充電に相当する。4.5 節の実験では，カウンターアニオンは支持電解質の過塩素酸イオン ClO_4^- である。

ポリアニリンの場合はもう少し複雑である。4.5 節の実験において，ポリアニリンはポリチオフェン同様に，一部の電子が奪われた p 型ドープ状態で陽極に生成する。このとき生じるポリアニリンは深緑色のエメラルジンソルトと呼ばれるもので，導電性の半酸化状態と考えて良い（図 4.3）。

ここで，逆向きの電流を流すと半酸化状態であったポリアニリンは陰極で還元されて（電子をもらって），脱ドーピングされ，無色もしくは淡黄色のロイ

コエメラルジンに変化する。この状態は完全還元型で絶縁性である。

さらに，逆向きの電流を流すとポリアニリンは陽極で酸化されて（電子を奪われて），またドーピングされる。半酸化状態のエメラルジンを経て，青紫色のペルニグルアニリンに変化する。この状態は完全酸化型でこちらも絶縁性である。

p型ドーピングは，導電性プラスチックに電子を奪う物質（アクセプター）を作用させることによっても可能である。アクセプターには酸やハロゲンがよく用いられるが，この操作は電気化学ドーピングに対して化学ドーピングと呼ばれている。

他方，導電性プラスチックに電子を与える物質（ドナー）を作用させることによって行われるドーピングは，n型ドーピングと呼ばれ，ドナーにはアルカリ金属（ナトリウムNaやカリウムKなど）が用いられるが，p型ドーピングに比べて困難である。

ドーピングは導電性プラスチックの分子構造を大きく変化させ，色や導電性をはじめ，諸物性に多大な影響を及ぼす。しかし発想を少し転換してみれば，ドーピングの程度によって導電性プラスチックは，導体にも半導体にも絶縁体にもなりうるわけで，電気伝導度を自由にコントロールできる。つまり，ドーピングを工夫することで物性を変化させられることが，導電性プラスチック研究の面白さでもある。

さぁ，エレクトロクロミズムとドーピングに詳しくなったところで，さっそく実験に取りかかろう。

4.5 実　　　　　験

【レベル】小学4年生以上

【実験場所】理科室・実験室・科学館

　※通気を良くして行うこと。ポリアニリンの合成には硫酸を使うのでドラフトチャンバー（図3.11）を備えることが望ましい

【**実験時間**】約1時間（準備・後片付けを除く）

　大学等の実験室では，図4.8に示したような実験装置を用いて，電気化学測定をしながら重合を行うことが多いが，通常の高校や科学館の実験教室でそれは困難である。電極に白金がよく用いられるのは，化学的に安定で，酸化も還元もされにくい不活性な性質によるが，きわめて高価な貴金属であることはご存知のとおりである。またポテンショスタットは高価な装置であるし，操作にもある程度の知識と経験が必要である。そこで，目的は電気化学重合による導電性プラスチックの合成とエレクトロクロミズムの観察のみと割り切って，この2点を実験教室用にアレンジした。

　まず電極は，透明電極材料として知られるITOガラス（酸化インジウム-スズ蒸着ガラス，図4.8参照）を使用する（**図4.11**）。やや値が張るが白金板ほど高価ではないし，化学的に安定である。透明であるため重合反応やエレクトロクロミズムの観察に適しており，洗浄すれば繰り返し使用もできる。理科教材を扱っている会社から購入可能である。

図4.11　ITOガラス（ジオマテック株式
　　　　会社製，4分割して使用する）

　大切なのが電源である。直流安定化電源を使用する（**図4.12**）。ポテンショスタットには及ばないが，電圧を自由に設定できる。中学校の理科室や高校の化学室には電気分解の実験用備品として置いてあることが多い。

　その他の材料として，シリコンゴム板やステンレスメッシュがある（**図4.13**）が，これらは大きいサイズのモノを適宜切断して用い，オールプラスチックピンチも含め理科教材を扱っている会社から購入できる。

図 4.12　直流安定化電源

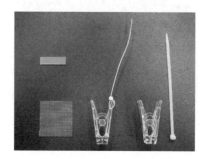

図 4.13　シリコンゴム板, ステンレスメッシュ,
オールプラスチックピンチ, 結束バンド（左
から順）

　なお, オールプラスチックピンチには, ビーカーへの出し入れや取扱いを容
易にするため, 結束バンドで「持ち手」をつけてある。

　その他の器具や試薬, 実験法については, 日本科学未来館の元科学技術スペ
シャリスト宮島章子がまとめた資料や文献[42),43)] をもとに作成した。

【器具】

□ビーカー（300 mL 用）……1

□ビーカー（200 mL 用）……2

□ピペット（10 mL 用）……2

□メスシリンダー……1

□薬さじ……2

□電子天秤……1

□ガラス棒……2

□（あれば）マグネチックスターラー……1

□シャーレ（90 mmϕ）……2

□試薬瓶……2

□電源装置……1

□リード線（ミノムシクリップ付き，赤・黒）……各1

【試薬】（図 4.14）（以下，d は密度，b. p. は沸点を示す）

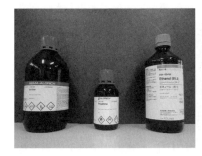 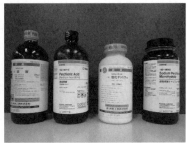

（a）　アニリン，チオフェン，エタノール　　（b）　硫酸，過塩素酸，塩化ナトリウム，
過塩素酸ナトリウム

図 4.14　実験で使用する試薬（左から順）

□アニリン（$C_6H_5NH_2$ = 93.13，d = 1.02 g/cm^3，b. p. 184 ℃，空気中で酸化する）

□チオフェン（C_4H_4S = 84.14，d = 1.05 g/cm^3，b. p. 84 ℃，空気中で酸化する）

□エタノール（C_2H_5OH = 46.07，d = 0.789 g/cm^3，b. p. 78 ℃）

□硫酸（H_2SO_4 = 98.08，d = 1.84 g/cm^3，吸湿性，水に溶けて強酸性）

□過塩素酸（$HClO_4$ = 100.46，d = 1.67 g/cm^3，市販品は 60 ％水溶液）

□塩化ナトリウム（$NaCl$ = 58.44）

□過塩素酸ナトリウム（$NaClO_4$ = 122.44，潮解性あり）

□純水（H_2O = 18.01，d = 1.00 g/cm^3，蒸留水またはイオン交換水）

【その他の材料】

□ITO ガラス（50×50×0.50 mm，10 Ω/sq（スクウェア）以下が望ましい）
……2

□シリコンゴム板（スペーサー，10×40×2.0 mm）……2

□ステンレスメッシュ（50×50 mm）……2

□ゼムクリップ（事務用のもの。ステンレスの針金でもよい。）……2

□オールプラスチックピンチ……2

【実験操作】

　本実験はポリアニリン単独で行っても良いし，ポリチオフェンと同時に行っても良い。

　濃硫酸は危険すぎて使いたくない場合に配慮して，酸であることに変わりはないが過塩素酸で代替する方法も紹介しておく。

1．ポリアニリンの合成

Step 0　事前準備　溶液の調製

希硫酸（薄い硫酸）

　ビーカーに蒸留水 75 mL を入れ，氷水で冷やし，かくはんしながら硫酸 4.0 mL（75 mmol）をゆっくり加えていき（**図 4.15**），室温まで冷えるのを待って試薬瓶に移しておく。

図 4.15　硫酸の薄め方

薄い過塩素酸

　ビーカーに蒸留水 75 mL を入れ，かくはんしながら過塩素酸 7.5 mL（75 mmol）をゆっくり加えていき，試薬瓶に移しておく。

10 % 塩化ナトリウム水溶液

　塩化ナトリウム 10 g を蒸留水 90 mL に溶かし，試薬瓶に移しておく。

Step 1 アニリン塩水溶液をつくる

アニリン硫酸塩水溶液

つくった希硫酸が入ったビーカーをかくはんしながら，アニリン3.5 mL（38 mmol）をゆっくり加え，沈殿物がなくなるまでかくはんを続ける。

アニリン過塩素酸塩水溶液

つくった過塩素酸が入ったビーカーをかくはんしながら，アニリン3.5 mL（38 mmol）をゆっくり加え，沈殿物がなくなるまでかくはんを続ける（マグネチックスターラーが使えるとなお良い）。

Step 2 セルを組み立てる

シリコンゴムのスペーサーを介して，ITOガラスの導電面とステンレスメッシュを向かい合わせ，オールプラスチックピンチではさみ，セルをつくる（**図4.16**）。

図4.16 電気化学重合用のセル

Step 3 アニリンを重合する

電源の正極をITOガラスに，負極をステンレスメッシュにつなぎ（**図4.17**），セルをアニリン塩水溶液に浸し，3.5 Vで約10秒，電気化学重合を行い，ポリアニリンを得る。得たポリアニリン薄膜は，蒸留水でやさしくすすぎ，シャーレに入れた10 ％塩化ナトリウム水溶液につけておく（**図4.18**）。

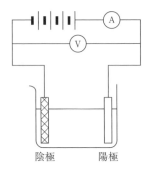

図 4.17　電気化学重合

図 4.18　ポリアニリン

2．ポリチオフェンの合成

Step 1　チオフェン溶液をつくる

　チオフェンエタノール溶液：チオフェン 6.0 mL（75 mmol），過塩素酸ナトリウム 0.25 g（2.0 mmol）をエタノール 75 mL に溶解する。

Step 2　セルを組み立てる

　シリコンゴムのスペーサーを介して，ITO ガラスの導電面とステンレスメッシュを向かい合わせ，オールプラスチックピンチではさみ，セルをつくる（図 4.16）。

Step 3　チオフェンを重合する

　電源の正極を ITO ガラスに，負極をステンレスメッシュにつなぎ（図 4.17），セルをチオフェンエタノール溶液に浸し，3.5 V で約 10 秒，電気化学重合を行い，ポリチオフェンを得る。得たポリアニリンチオフェン薄膜は，蒸留水でやさしくすすぎ，シャーレに入れた 10 ％塩化ナトリウム水溶液につけておく。（**図 4.19**）

図 4.19　ポリチオフェン

3.　エレクトロクロミズムを観察する

Step 1　導電性プラスチック膜がついた ITO ガラスを膜の約 4 分の 3 が浸る
程度，シャーレに入れて立てかける（**図 4.20**）。陽極に導電性プラスチックが
できた ITO ガラス，陰極にゼムクリップを伸ばしたものを使用する。両極が
触れないよう注意しながら，電極間に約 3.5 V の電位をかけ，つぎに，電源の
極性を反転させる（陽極にゼムクリップ，陰極に導電性プラスチックができた
ITO ガラス）ことで，ポリアニリンとポリチオフェンそれぞれの色の変化を観
察する（**口絵 1**）[†]。

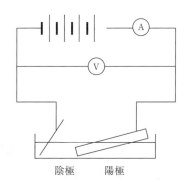

陰極　　　陽極

図 4.20　エレクトロクロミズムの観察

[†]　巻頭のカラー口絵を参照。

【実験のコツと注意点】

Point 1   硫酸とアニリンの取扱いの注意点

ここで用いる硫酸とアニリンは**医薬用外劇物**で，**管理と使用に特別の注意を要する**試薬である。硫酸は水に溶けると**強い酸性**を示すので，**皮膚についたり，目に入ったりした場合はただちに大量の水で洗い流す**こと。また，濃い硫酸には強い脱水作用があり，やけどのもとになる。硫酸は揮発しにくいので，薄い溶液であっても水が蒸発して濃縮されるので，油断してはならない。それによって，やけどをしたり，衣服に穴をあけたりするので，特に取扱いに注意を払うべき試薬である。

アニリンは3章のピロールの取扱いに準じるが，硫酸塩にしてしまえば揮発しないので，蒸気を発しない分，扱いは少し楽になる。

こういった特に危険な試薬を用いる場合，化学者は通常**ドラフトチャンバーの中で行う**。万が一，事故が起きても被害をドラフトチャンバー内だけにとどめ，最小限に抑えるためである。

Point 2   エタノールは引火性

チオフェンは水に溶けにくいため，溶媒にエタノールを用いた。エタノールはお酒に含まれるアルコールで有害ではないが，**引火性があるので，実験室内でエタノールと火気を同時に用いてはならない**。ちなみに，大学や研究所にある有機化学の実験室は，原則「火気厳禁」である。

Point 3   過塩素酸塩は強酸化性

チオフェンを重合する際に，エタノールに溶ける支持電解質として，過塩素酸ナトリウムを使用したが，過塩素酸塩は可燃物を酸化して，激しい燃焼や爆発を起こす「**強酸化性物質**」であるため，**みだりに可燃物と混合したり，衝撃を与えたりしてはならない**。このように「過」で始まる物質は，激しい反応性を持つことが多いので，注意して扱うことをお勧めする。

Point 4   電極間の距離は一定に

実験では，ITOガラス電極の導電面を向かい合わせにして，スペーサーをはさんでクリップではさみ，固定した。このクリップではさむ場所が重要で，上

過ぎると電極が開き，下過ぎると電極が閉じてショートしてしまう。**ちょうどスペーサーの真ん中をはさむのがポイントで，電極間の距離を一定に保つ必要がある**（図4.21）。

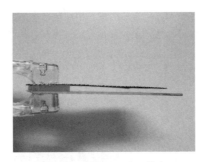

図4.21　電極の固定の仕方

■ブレイク　クロミズムについて

　クロミズム（chromism）という現象がある。何らかの外部刺激によって物質の色が変化する現象をいう。刺激によって物質の分子構造が変化することによって起こり，色が変わったり戻ったりする可逆的な反応である。外部からの刺激の種類によって分類されており，そのいくつかを解説する。

1.　サーモクロミズム

　温度変化によって物質の色が変わる現象をサーモクロミズムという。ものに貼り付けて色が変わって温度変化を知らせるシール型の温度計，常温では無地なのに飲み物を入れると文字や模様が浮き出るコップやマグカップなど身近なところにも応用されている。中でも特筆すべき応用例は消せるパイロットのボールペン「フリクション」である。こすって摩擦熱を加えると無色になるサーモクロミック・インクが用いられていて，日本ではもちろん，小学校でもペンで文字を書くことが多いヨーロッパでも大ヒットしている。

2.　フォトクロミズム

　光によって物質の色が変わる現象をフォトクロミズムという。紫外線が強くなると色が濃くなるサングラスや，太陽光の当たり具合によって色が濃くなったり薄くなったりする自動調光窓などに応用が期待されている。

3.　エレクトロクロミズム

　実験で紹介した電気によって物質の色が変わる現象がエレクトロクロミズムであ

る。導電性プラスチックのような有機化合物だけでなく，無機化合物でも起こる。物質に電圧を加えると酸化還元反応が起こったり，ラジカル（不対電子をもつ原子や分子，多くは不安定）が発生したりすることが発色の原因である。もっとも有名な応用例はボーイング社の旅客機B787の窓である（**図4.22**）。従来の開閉式の日よけと違って段階的に濃さが調節できるので，中間色にすると日光は適度にさえぎられ，しかも外の風景は眺めることができるという優れものである。筆者（廣木）などは，初めてB787に乗ったときに何度も暗くしたり明るくしたりして遊んでしまったほどである。

図4.22　航空機の窓に応用されて
いるエレクトロクロミズム

4．その他のクロミズム

　溶媒の種類によって色が変わるソルバトクロミズムや，押しつぶしたり引っ張ったりすることで色が変わるメカノクロミズムというのもある。

5 電気を貯めるプラスチック
──ポリピロールの二次電池への応用──

これまでの章で述べたように，導電性プラスチックはドーピングにより電気を通しやすくなる。ドーピングは見方を変えると電荷を蓄えることでもあるので二次電池として機能する。本章では，前章にならってピロールを電気化学的に酸化重合してポリピロールを合成する。その応用例として二次電池を紹介し，導電性プラスチックのドーピングについての理解を深めるとともに，電気エネルギーを貯め，使うことについて考える。

5.1 一次電池と二次電池

電池とは，あるエネルギーを電気エネルギーに変換するしくみのことである[44),45)]。特に，本章では物質がもっている化学エネルギーを電気エネルギーに変換する化学電池のことを指し，化学変化によって二つの電極間に電位差を生じさせる装置のことを指している。一般に，化学電池は二つの異なる金属電極（炭素電極も含む）と電解質（もしくは電解液）からなり，二つの電極のうち，電位の高いほうを正極[†]，低いほうを負極と呼び，いわゆるプラスとマイナスに相当する。

正極および負極と電解液の接触面における電極電位の和によって起電力が決まる。化学電池の中には電解液を二つ用いた電池もあり，その場合は二液の界面にも液間電位が生じるので，この場合は電極電位と液間電位の和が起電力を決める。

[†] 電池では正極（＋），負極（−）を使う。しかし，電気化学重合を含む電解反応では陽極（＋），陰極（−）を使うので，用語の使い分けを注意して欲しい。

電極と電解質の界面では，電池反応と呼ばれる電荷移動とそれに伴う酸化還元反応が進行しており，電気エネルギーが生み出されるわけであるが，反応の可逆性によって充電できない一次電池か，充電できる二次電池かが決まる。

一次電池は放電過程で進む電池反応が不可逆反応で，一度放電してしまったら元の状態に戻せない，つまり，充電できない電池を指す。例えば，身近な例でいうとマンガン乾電池は一次電池である。負極に亜鉛，正極に酸化マンガン（IV）と炭素を用いており，起電力約 1.5 V である（**図 5.1**）。

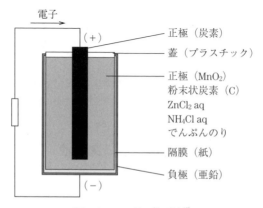

図 5.1　マンガン乾電池[46]

一次電池が充電できない電池であるのに対し，二次電池とは，放電過程で進む電池反応が可逆反応で，放電と充電を繰り返し行える電池を指す。自動車用バッテリーとして長く用いられてきた鉛蓄電池が代表例だが，最近はなんといってもリチウムイオン電池（LIB，**図 5.2**）だろう。

LIB は今世紀に入ってから急速に普及し，モバイル機器用の充放電可能な電池として欠かせないものになっている。起電力は約 4 V と比較的高い。

LIB の動作機構はユニークである。リチウムイオン電池の電極が両極とも多孔質の固体からできており，それらをリチウムイオンが行き来することで機能する二次電池なのである。負極および正極で起こる電池反応の一例を示すと，つぎのとおりである。

負極は C_6Li（充電状態）の組成をもち，炭素原子 6 個でリチウム原子 1 個

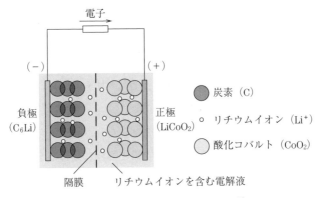

図 5.2 リチウムイオン電池（LIB）[45]

を保持している。放電する際はリチウム原子が陽イオンになって，電解液に溶けだす右向きの反応が進む。充電の際は逆にリチウムイオンがリチウム原子になって炭素電極に戻る左向きの反応が進む。

$$C_6Li \Leftrightarrow C_6 + Li^+ + e^-$$

他方，正極はコバルト酸リチウム $Li_{0.5}CoO_2$（充電状態）がよく用いられる。放電する際はリチウムイオンが酸化コバルト CoO_2 に入りこんで $LiCoO_2$ となる，右向きの反応が進む。充電の際は逆にリチウムイオンが電解液に溶けだす左向きの反応が進む。

$$2Li_{0.5}CoO_2 + Li^+ + e^- \Leftrightarrow 2LiCoO_2$$

全体としての反応は次式で表される。

$$C_6Li + 2Li_{0.5}CoO_2 \Leftrightarrow C_6 + 2LiCoO_2$$

このようにリチウムイオン電池は，充放電する際に電解液にリチウムイオンが出入りするだけで，出入りするリチウムイオンも最小限に限られるので，非常に効率の良い充放電が行える二次電池といえる。リチウムイオン電池は小型で大容量，急速充電できる点や高い繰り返し特性などが評価され，携帯電話やノートパソコンなどのモバイル機器はいうに及ばず，電気自動車用から家庭用・産業用蓄電池まで広く使用されている[47]。

まとめると電池には，使いきりの一次電池と，繰り返し充電・放電ができる

二次電池があり，電極や電解質に用いる物質の違いで起電力や容量などの特性を変化させることができる[44]。

5.2　固体電解コンデンサー

　コンデンサーは電気（エネルギー）を充電したり，放電したりする素子である。その起源は 400 年も前，ガラス瓶の内側と外側に金属箔を貼って静電気を蓄えたライデン瓶までさかのぼることができる。一般に使われているのはセラミックコンデンサーやマイカコンデサーなどで，身近にある家電製品でコンデンサーが使われていないものはないといって良いほど広く利用されている電気部品である。

　コンデンサーは電極間距離や材質によって，充電できる電気の量が決まっており，それを静電容量という。単位は F（ファラッド）であり，例えば一般的なセラミックコンデンサーの静電容量は 1 pF（1 兆分の 1 F）から 100 μF（1万分の 1 F）である。これらは電源に用いるには容量が少ないが，直流をとおさない性質をもっており，おもな役割は充放電によって，回路の電圧を安定化したり，ノイズをキャンセルしたりすることである。

　それに対して電解コンデンサーは，化学コンデンサー（ケミコン）とも呼ばれ，静電容量は 1 μF（100 万分の 1 F）から 100 F を超える大容量のものまで存在する。セラミックコンデンサーとは異なり「極性」があることに注意が必要だが，長さ 1 cm 前後の円柱状をしたアルミ電解コンデンサーは家電製品にも多く用いられている。アルミ電解コンデンサーはセパレータをはさんで向き合ったアルミ電極の間に電解液がはさまれた構造をしている。安価で便利だが，電解液が漏れだす危険があったり，周波数特性や温度特性が悪かったりと欠点も少なくない。

　漏れだす危険性がある電解液の代わりに，固体電解質を用いたコンデンサーがあり，これを固体電解コンデンサーと呼ぶ。現在普及している固体電解コンデンサーには導電性プラスチック，特にポリピロールを固体電解質に用いたポ

リピロール–アルミ電解コンデンサーや，ポリピロール–タンタル電解コンデン
サーがある。電解液を用いたアルミ電解コンデンサーに比べ，周波数特性や温
度特性が改善して信頼性が増し，静電容量も大きいため小型のバックアップコ
ンデンサー（電源が切れてしまったときに一時的に電源の役割をするコンデン
サー）などに，導電性プラスチックは多用されている（**図5.3**）。

図5.3　導電性プラスチックを用いた固体電解
コンデンサー（1円玉と大きさを比較）

5.3　ピロールの電気化学重合

　4章でポリアニリンやポリチオフェンを合成するために電気化学重合を行っ
た。ここでも二次電池をつくるために，ピロールを電気化学重合して，ポリピ
ロールを合成する。

　ポリピロールは歴史的に見ても，電気化学重合で合成されることが多いポリ
マーである[6),7),13),26)]。電気化学重合の全体の反応を考えると，**図5.4**のように
なる。

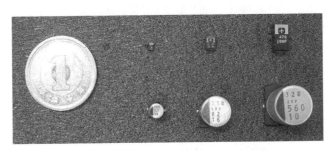

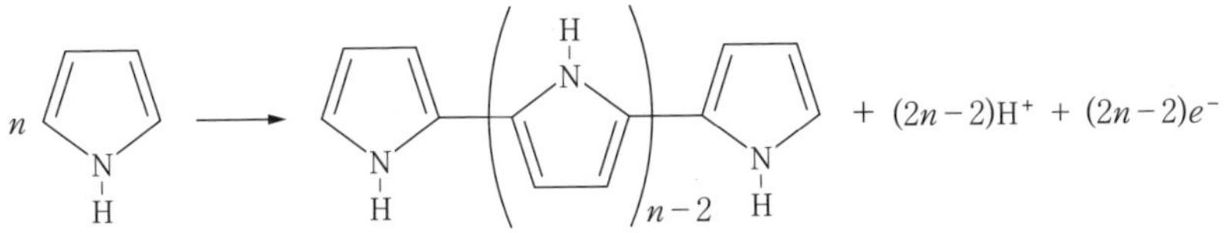

$$n \quad \longrightarrow \quad \cdots \quad + (2n-2)H^+ + (2n-2)e^-$$

図5.4　ピロールの電気化学重合

　この重合反応の進み方には，大きく分けて二つの経路がある[48]。一つは**図5.5**のように，陽極で酸化された（電子を奪われた）ピロールが別のピロールから電子を奪う形で重合が進む，求電子置換カップリングによる重合である。

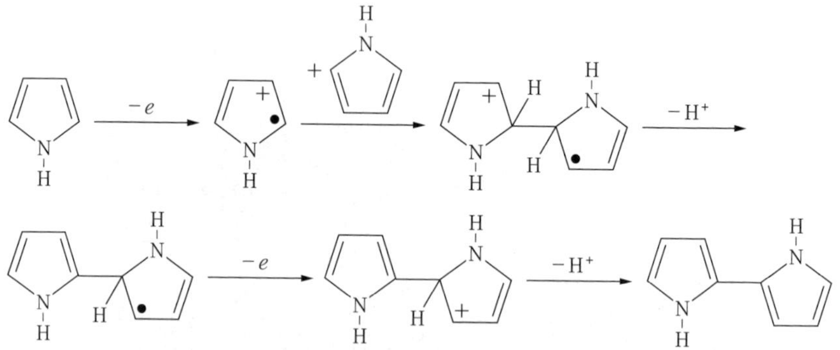

図5.5　求電子置換カップリングによる重合

　もう一つは**図5.6**のように，陽極で酸化されて（電子を奪われて）できた二つのピロールラジカルどうしが結合するラジカルカップリングによる重合である。

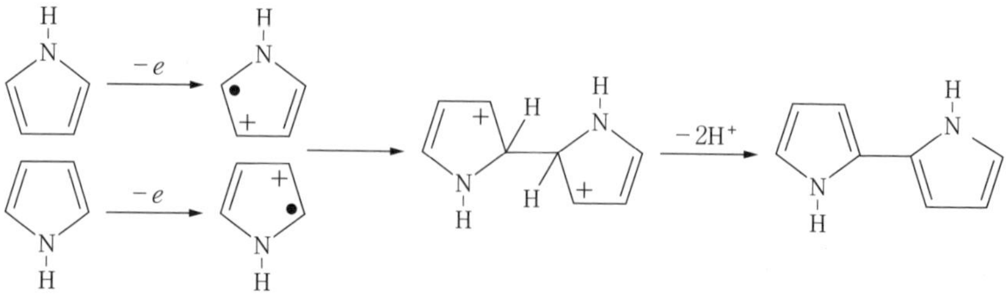

図5.6　ラジカルカップリングによる重合

　どちらのカップリングでも重合反応の結果，水素イオン H^+ が脱離することになるが，この水素イオンは陰極で還元されて，水素が発生する。

　さらに，重合でできた電気的に中性のポリピロール（a）は，陽極により段階的に酸化され，ポーラロン（b）を経てバイポーラロン（c）の状態になる。この現象は，電気化学ドーピングによる「充電」と考えて差し支えない。

　充電されたポリピロールを正極，亜鉛 Zn などの適切な電極を負極とすれば電池ができる。この電池に負荷につなぐと，負極から負荷を経て仕事をした電子が正極に移動する。このとき，充電とは逆経路で，バイポーラロン（ c ）からポーラロン（ b ）を経て元のポリピロールへと還元され，「放電」が行われる。（**図 5.7**）

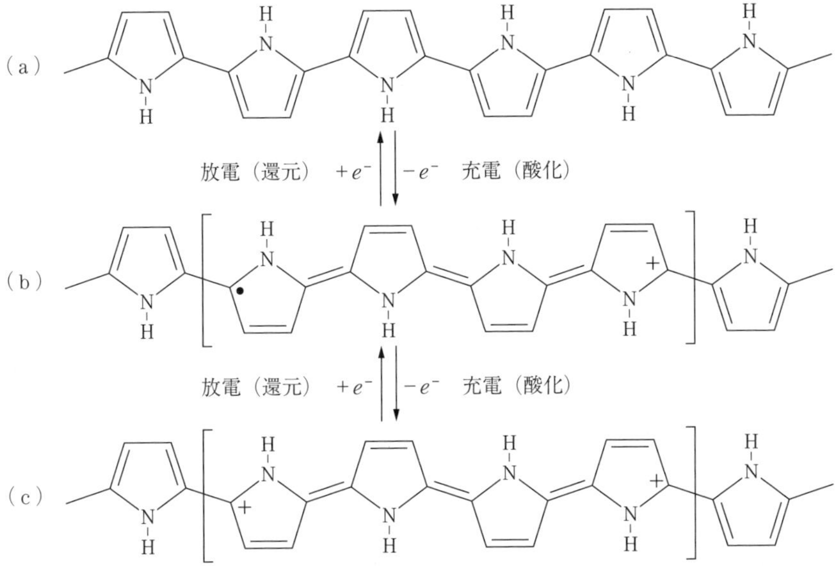

図 5.7　ポリピロールの充電と放電

　これらの充電と放電は繰り返し行うことができるので，ここに「ポリピロールの二次電池」が完成したというわけだ。

5.4　実　　　　　験

【レベル】 小学 4 年生以上

【実験場所】 理科室・実験室・科学館（通気を良くして行うこと）

【実験時間】 1 時間（準備・後片付けを除く）

　今回の電気化学重合は，水溶液中で行う。ベンゼンに代表される芳香族有機

化合物は水に溶けにくい物質が多い中，意外にもピロールは水に溶ける（6.0 g／水 100 mL，20 ℃）。有機溶媒にはもっとよく溶ける。水溶液なので支持電解質はいろいろ考えられるが，今回紹介する実験では入手のしやすさから塩化ナトリウム NaCl を用いることにした[42), 49)]。

　重合の仕方は 4 章で行った電気化学重合である。陽極は ITO ガラス（4 章の図 4.8 参照），陰極はステンレスメッシュである。ITO ガラスは，やはり 4 章同様に 100 mm×100 mm を 4 分割して用いる（図 4.11）。電源も直流安定化電源を使用する（図 4.12）。つまり，4 章の道具立てとピロールがあれば，この実験は可能である。

【器具】

□ビーカー（200 mL 用）……2

□ピペット（10 mL 用）……1

□メスシリンダー……1

□薬さじ……1

□電子天秤……1

□ガラス棒……2

□（あれば）マグネチックスターラー……1

□電源装置……1

□リード線（ミノムシクリップ付き，赤・黒）……各 2

□プロペラ付き微電流型モーター（**図 5.8**）……各 1

図 5.8　プロペラ付き微電流型モーター

□ストップウォッチ……各1

【試薬】（図5.9）

□ピロール（$C_4H_5N = 67.09$, $d = 0.967\,\mathrm{g/cm^3}$, b.p. 129 ℃，空気中で酸化する）

□塩化ナトリウム（$NaCl = 58.44$）

□純水（$H_2O = 18.01$, $d = 1.00\,\mathrm{g/cm^3}$）蒸留水またはイオン交換水

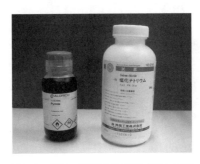

図5.9　実験で使用する試薬（左から順にピロール，塩化ナトリウム）

【その他の材料】

□ITO ガラス（$50 \times 50 \times 0.50\,\mathrm{mm}$，$10\,\Omega/\mathrm{sq}$ 以下が望ましい）……各1

□シリコンゴム板（スペーサー，$10 \times 40 \times 2.0\,\mathrm{mm}$）……各1

□ステンレスメッシュ（$50 \times 50\,\mathrm{mm}$）……各1

□オールプラスチックピンチ……各1

【実験操作】

Step 1　溶液をつくる

0.20 M ピロール水溶液

200 mL 用ビーカーに塩化ナトリウム 3.8 g（64 mmol）を量り取り，蒸留水 75 mL を入れて溶かす。ピロール 1.0 mL（15 mmol）をゆっくり加えていき，完全に油滴がなくなるまでかくはんする（マグネチックスターラーが使えればなお良い）。

10 ％塩化ナトリウム水溶液

別の 200 mL 用ビーカーに塩化ナトリウム 10 g を蒸留水に加えて溶かし，

100 mL にしておく。

Step 2　セルを組み立てる

　4 章とまったく同様にシリコンゴムのスペーサーを介して，ITO ガラスの導電面とステンレスメッシュを向かい合わせ，オールプラスチックピンチではさみ，セルをつくる（**図 5.10**）。

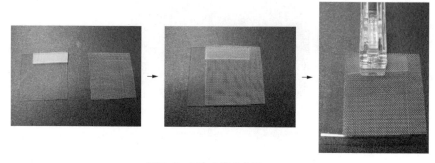

図 5.10　電気化学重合用のセル

Step 3　ピロールを重合する

　200 mL 用ビーカーにピロール水溶液を入れる。電源の正極を ITO ガラスに，負極をステンレスメッシュにつなぐ（**図 5.11**）。セルをピロール水溶液に浸し，4.0 V で 3.0 分間，電気化学重合を行いステンレスメッシュ上でポリピロールを合成する。

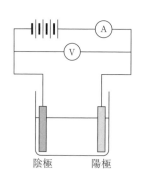
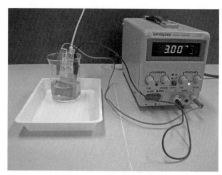

陰極　　　陽極

図 5.11　ピロールの電気化学重合

Step 4　ポリピロール薄膜に蓄えられた電気の量を確かめる（放電）

　ポリピロール薄膜は，ITO ガラス上に黒い薄膜として得られる（**図 5.12**）。

　ポリピロール薄膜をセルごと引き上げて，リード線でプロペラ付き微電流型モーターにつなぐ。セルを 10 ％塩化ナトリウム水溶液に浸し，プロペラの回転を観察する（**図 5.13**）。このとき，プロペラが回転した時間をストップウォッチで計測して記録しておく。

図 5.12　ポリピロール薄膜

図 5.13　ポリピロール二次電池
によるプロペラの回転

Step 5　ポリピロール薄膜に再び電気を蓄える（充電）

　セルを 10 ％塩化ナトリウム水溶液に浸したまま，電源の正極を ITO ガラスに，負極をステンレスメッシュにつなぐ（**図 5.14**）。重合時と同様に，4.0 V

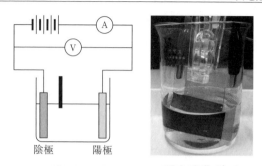

陰極　　　陽極

図5.14 ポリピロール薄膜の充電

で3.0分間，充電を行う。

Step 6 充電によりポリピロール薄膜に蓄えられた電気の量を確かめる
　　　　（放電）

　リード線でプロペラ付き微電流型モーターにつなぐ。セルを10％塩化ナトリウム水溶液に浸し，プロペラの回転を観察する。

　プロペラが回転した時間をストップウォッチで計測して記録し，重合直後と比較する。また充電と放電を繰り返して，その都度，プロペラの回転時間を計測することで，蓄えられた電気の量を比較する。

Step 7 重合や充電の電圧・時間を工夫する

　Step 3の重合やStep 5の充電で示した電圧・時間は一例にすぎない。電圧を変化させると電流も変化するため，重合や充電のスピードをコントロールできる。また，重合や充電の時間はそれぞれ，生成するポリピロールの物質量と蓄えられる電気の量に影響する。それらを変化させて，プロペラの回転時間をストップウォッチで計測して記録し，比較してみるのも面白い。

【実験のコツと注意点】

Point 1 リード線の付替えが面倒な方に

　充電と放電を繰り返す場合，何度もリード線を付け替える必要があり，不便を感じることがある。そういう場合は市販の切替えスイッチを利用して，**図5.15**のような回路を組んでおくと便利である。スイッチの操作だけで，充電⇔放電の切替えができる。

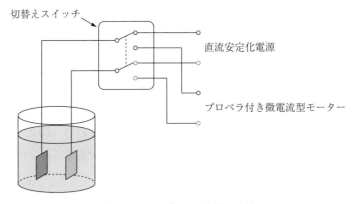

切替えスイッチ

直流安定化電源

プロペラ付き微電流型モーター

図 5.15 ポリピロール薄膜の充電

Point 2 電池研究の醍醐味 ── モノマーや電極を工夫する ──

　この実験はピロールだけでなく，4章で扱ったポリアニリンやポリチオフェン，8章で扱う PEDOT などでも実施可能である。ただしアニリン，チオフェン，エチレンジオキシチオフェン（EDOT）とそれぞれの原料の性質に応じて，溶媒や支持電解質も変えねばならない。その結果，用いる支持電解質によってドーパントが決まる[42),49)]。

　さらに，電極の素材を変えることによっても，蓄えられる電気の量や起電力が変わる。例えば，陽極を ITO ガラスからチタンメッシュに変えると表面積が増える分，蓄えられる電気の量は増加する。また，陰極をステンレスメッシュから，よりイオン化傾向の大きい亜鉛板 Zn などに変えると，起電力が大きくなる。驚くべきことに，もっとイオン化傾向が大きい金属であるリチウム Li を電極に用いた例もある[50)]。ステンレスメッシュやニッケルメッシュに，ホイル上の金属リチウムを圧着して電極に用いる。その場合，水ではリチウムが反応して発火の危険があるので，炭酸プロピレン $C_4H_6O_3$（**図 5.16**）を溶媒に，

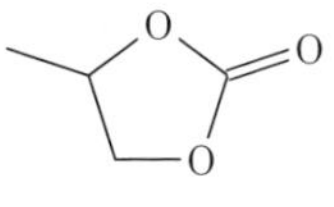

図 5.16 炭酸プロピレン

有機溶媒によく溶ける過塩素酸リチウム LiClO$_4$ を支持電解質に用いるが，これは，よく知られたリチウム系電池に用いる組合せである。しかし，金属リチウムを扱うにはかなりの危険が伴うので，保護具を着用の上，経験豊かな指導者の下でなければ，リチウムを電極に用いることはお勧めしない。

いずれにしても，ピロールやチオフェンなどの原料，重合や充電の条件，モノマーや電極の選び方など，条件の選び方は無数にあるので，探索・研究としての要素が強く，高校や大学の学部の研究課題としても面白い。

Point 3　ピロールの着色について

3章と5章で登場したピロールは酸化しやすい。触媒を加えたり，電気化学重合したりしなくても，光や空気中の酸素の影響で容易に酸化されて二つ三つと反応し，オリゴピロールになって着色してしまう（**図5.17**）。そのため通常は遮光瓶（茶色のガラス瓶）に入れて，冷蔵庫で保管することが多い。

図5.17　酸化して着色したピロール

3章と5章で紹介したような実験では，着色してしまったピロールをそのまま使っても，結果に大差はない。しかし，研究で用いるとなると減圧蒸留という手段で精製[51]を行う必要がある（**図5.18**）。

蒸留したピロールはシュレンク型フラスコ（**図5.19**）という特殊な容器に入れて保存する。取り扱うときには，つねに窒素 N$_2$ やアルゴン Ar のような不活性ガスをコックから流しながら取り扱い，空気に触れないようにする。また，シュレンク型フラスコにアルミホイルを巻きつけて，光を遮断し，冷暗所に保存すれば，ピロールの変質はかなり抑えることができる。

図 5.18　ピロールの減圧蒸留

図 5.19　シュレンク型
フラスコに入った蒸
留済みピロール

このように化学者には，より厳密な実験を行うため，研究で使う試薬を必要
に応じて精製するスキルも要求される。

Point 4　ポリピロールをお土産に

本章では，ポリピロールが陽極の ITO ガラス上に黒い膜となって生成する
（**図 5.20**）。

図 5.20　ポリピロールの薄膜

このポリピロール膜を 10 〜 15 分，放置して乾かし，その上にセロハンテー
プを 2 枚貼り付ける（**図 5.21**）。

（a）　1枚目　　　　　　　　　　　　（b）　2枚目

図5.21　セロハンテープを貼る

　最初に貼った，向かって右側のセロハンテープをゆっくりはがすと，ポリピ
ロール膜も一緒にはがし取ることができる（**図5.22**）。

　ポリピロール膜を上にして，台紙にセロハンテープで貼り付けると，導電性
プラスチックをお土産に持ち帰ることができる（**図5.23**）。念のため，チャッ
ク付きビニル袋などに入れるなど，直接触れない工夫をお忘れなく。

図5.22　剥離したポリピロール膜　　　　**図5.23**　ポリピロール膜を台紙に貼る

　さらに，3章で紹介した導電チェッカー「トオル君」（図3.5）の工作と組み
合わせると，導電チェッカーもお土産になるので，なんと家や学校に導電性プ
ラスチックを持って帰り，導電性を確かめる実験ができる（**図5.24**）。

　この点だけで考えても，これだけ波及効果のある教材はめったになく，うま
く実験を組み合わせると，化学に限らず，理科全般や科学技術に関するさまざ
まな実験が可能である。

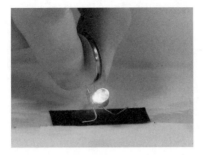

図 5.24 「トオル君」で導電性チェック

これがスピーカー？
── PEDOT の透明フィルムスピーカー への応用──

PEDOT は，数ある導電性プラスチックの中でも際だって高い電気伝導度をもち安定性に優れている。非常に薄い膜は透明性に優れており，薄くても電気伝導度が高い。本章では，原料の 3,4-エチレンジオキシチオフェンを触媒とともにピエゾフィルム（圧電フィルム）の両面に塗って，膜面上で重合反応を行うことにより，透明な導電性プラスチックを電極に使った透明フィルムスピーカーの作製法を紹介する。

6.1 ポリエチレンジオキシチオフェン

3 章と 5 章ではポリピロール，4 章ではポリアニリンとポリチオフェンといった典型的な導電性プラスチックを紹介してきた。また，9 章ではポリアセチレンを紹介する。

これらの導電性プラスチックは，導電性プラスチックとセレンディピティーの章で記したように失敗や偶然により見つかった金属並の導電性をもつポリアセチレンフィルムがきっかけとなり，導電性が高く空気中でも安定したより優れた機能を発揮できる分子構造をもつ導電性プラスチックを追究した化学者たちの苦労の結晶にほかならない[4),5),26)]。

PEDOT は高い安定性と導電性をあわせもつという点で，もっとも成功した導電性プラスチックである。名前の一部にチオフェンを含んでいることからわかるように 4 章で扱ったポリチオフェンの一種（誘導体）である（図6.1）。

ポリチオフェンは，チオフェンの 2,5-位の水素原子が外れて炭素-炭素結合ができることにより重合している。PEDOT の出発物質である EDOT はチオ

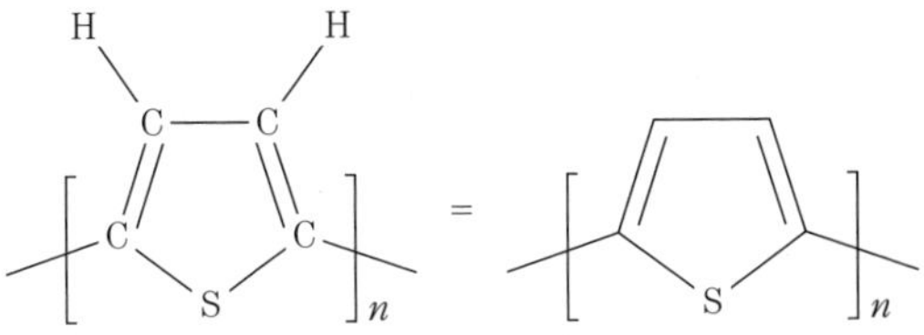

（a）　ポリチオフェン

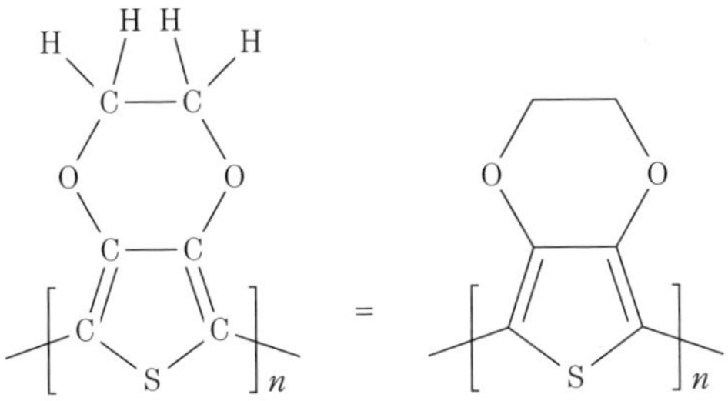

（b）　PEDOT

図6.1　ポリチオフェンとPEDOT

フェン環の3, 4-位にエチレンジオキシ基（-OCH$_2$-CH$_2$O-）が結合して六角形の環をつくっている構造（図6.1（b））を特徴とする。チオフェンの重合反応と同様に2, 5-位の水素原子が外れて炭素-炭素結合ができることにより重合してPEDOTができる（**図6.2**）。

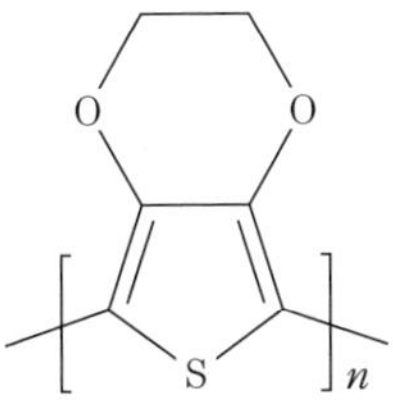

図6.2　PEDOTの合成

ここで，PEDOTの高い導電性を語る上で避けては通れない事実を一つ紹介したい。有機化学に詳しい人でないと知らないかもしれないが，分子にも大きさがあり，チオフェンやピロールといった導電性プラスチックの原料も大きさをもった分子である以上，重合してポリチオフェンやポリピロールになると環

と環はねじれて結合することになる。立体障害と呼ばれるこの現象は，導電性プラスチックの電気伝導度に大きく影響する。通常の化学式では平面にあるように描かれるため，どうしてもとらえにくい面があるが，実際に置換基をもたない導電性プラスチックもねじれている。ねじれてしまうと環と環の間で電子のやり取りが十分にできなくなるので，ねじれればねじれるほど電気伝導度は落ちてしまう。

　また，どんな置換基を導入するかによって，導電性プラスチックは「ねじれ方」に差が生じる。そこで導電性プラスチックの電気伝導度を保つために取るべき分子設計は，置換基の立体障害を利用してねじれを最小限にとどめれば良い，となる。例えば，チオフェン環が同一の平面になるように，置換基を工夫するのである。環がどれだけ同じ平面上にあるかを「共平面性（コプラナリティ，coplanarity）」という。その意味でエチレンジオキシ結合（-OCH$_2$-CH$_2$O-）をすべてのチオフェン環に導入した PEDOT は，優れた共平面性をもっていることが高い電気伝導度をもつことの一因といって良い。

　PEDOT の高い電気伝導度にも関わらず，その普及は今世紀に入ってからのことである。1990 年までにはすでに PEDOT の合成報告例があり[52]，存在自体は知られていた[7]。しかしながら，原料である EDOT の合成過程が複雑で[53]，どうしてもコスト的に合わないことなどが災いしてか，なかなか実用化に向かなかったことは否めない。そこがコールタールなど石炭系原料から分留によって得られるピロール[18]や，ベンゼンからニトロベンゼンを経て簡単に，しかも大量に合成できるアニリンとは異なっている。合成過程が複雑だった EDOT 合成法の研究が進み，中には簡単な出発物質から 3 段階で EDOT が合成できる例もある[54]。

　状況が大きく変化したのは世紀の変わり目にあたる 2000 年前後である。J. R. レイノルズらのグループがポリ（3,4-エチレンジオキシチオフェン）/ポリ（4-スチレンスルホン酸）複合物（PEDOT/PSS，**図 6.3**）の合成と，その懸濁液を世に出したことをきっかけとする[55]。

　L. グレーネンダールらバイエル社の研究員らと共同研究の成果であり，実際

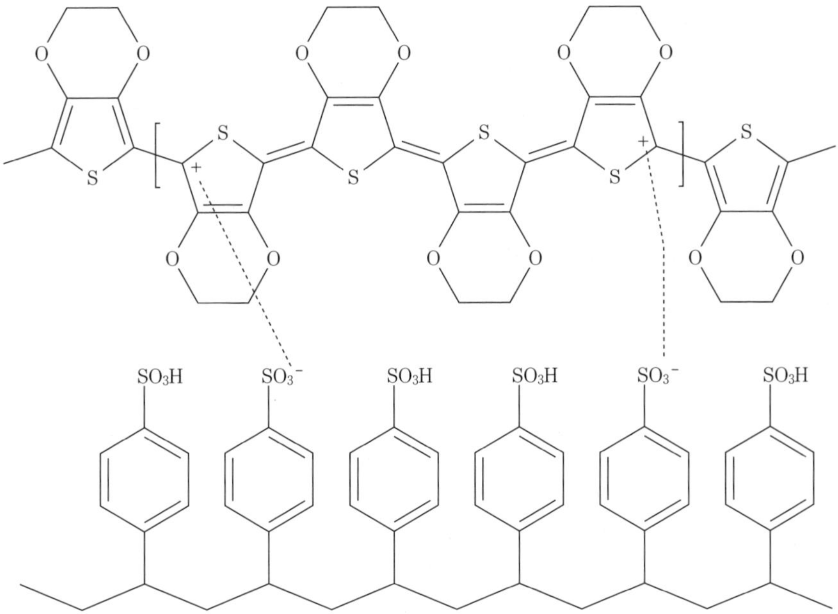

図6.3 PEDOT/PSS の分子構造

に原料の EDOT（商標名：バイトロン M），重合触媒や p-トルエンスルホン酸鉄 Fe(OTs)$_3$（**図 6.4**）のエタノール溶液（商標名：バイトロン CE）およびブタノール溶液（商標名：バイトロン CB），そして PEDOT/PSS の水懸濁液（商

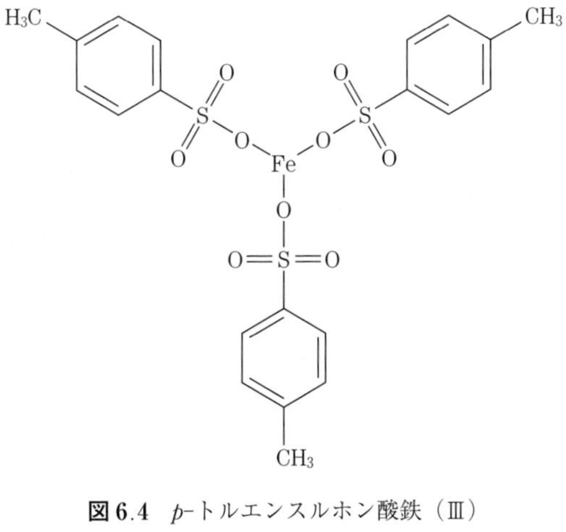

図6.4 p-トルエンスルホン酸鉄（Ⅲ）

標名：バイトロン P）が市販された。

　これに触れたときの筆者（廣木）は，EDOT と触媒溶液を既定量混ぜ合わせ
るだけで PEDOT が簡単に合成できることにかなりの驚きがあった。ピロール
が例外的に水に溶けることは5章で紹介したが，EDOT は水に溶けにくい。そ
こで，アルコールを溶媒に用いて，それに溶けやすい p-トルエンスルホン酸
鉄（Ⅲ）を触媒に用いたあたりが巧みである。しかも，バイトロン CE やバイ
トロン CB では，結晶化しやすく溶け残りも起こしやすい p-トルエンスルホ
ン酸鉄（Ⅲ）を完全にエタノール C_2H_5OH や n-ブタノール C_4H_9OH に溶かし
た高濃度の触媒溶液で，溶け残った微粒子も可能な限り除去していると当時の
輸入代理店に聞いたことがある。この真意は未確認のままだが，確かにバイト
ロン CE もバイトロン CB も塗布成膜した際に結晶化しにくく均一な膜ができ
るので，本章のような実験に最適な触媒溶液である。なお，現在は特許が切れ
て，後継ブランドのクレヴィオス CE とクレヴィオス CB という商標名で購入
が可能である。

　バイトロン P は濃い藍色をした一種のコロイド溶液（墨汁のようなもの）
で，この分野の研究者にはおなじみのスピンコートという手法で，いとも簡単
に導電性プラスチック薄膜が塗布成膜できる。膜の厚さは 1 μm（1 マイクロ
メートル，1 mm の 1000 分の 1）以下だが，それでいて十分な電気伝導度を
保っている。もっとも衝撃的だったのは PEDOT 膜の色である。ほぼ無色透明
であったのだ。まだ凄さを実感できない読者は，いままでみてきた導電性プラ
スチックの色を思い出してもらいたい。真黒なポリピロール，きれいな色だが
深緑のポリアニリンエメラルジンソルト，PEDOT の仲間ではあるが青色のポ
リチオフェン，いずれも導電性プラスチックはドーピングされて濃い色をして
いたではないか。そこへきて，ほぼ無色透明で高い導電性をもった PEDOT /
PSS 薄膜の登場は衝撃的ですらあった。なお良いことに，高分子ドーパントに
ポリスチレンスルホン酸 PSS を用いたことで，もともとドーピング特性に優
れる PEDOT の安定性が増し，成膜性も向上したのである。

　また，山梨大学の奥崎秀典らが開発し，株式会社理学が販売を始めた

「R–iCP」という商品は，PEDOT/PSS 溶液に界面活性剤を加えることで，電気伝導度や成膜性をさらに向上させることに成功した。特に，今回の実験のように，塗り付ける対象がどんな液体もはじきやすい材質であっても，難なく成膜できるだけの性能を有している[56),57)]。

　こうして登場した限りなく透明に近い導電性プラスチック材料，PEDOT/PSS は新たな高分子エレクトロニクスの時代を予感させるのに十分だった。2000 年のノーベル化学賞が導電性プラスチックの発明と普及に対して授与されたことも追い風となって，PEDOT はこの分野の研究を一歩も二歩も前進させていく。いまでは PEDOT だけの専門書も複数出版され[52),55),58),59)]，また透明薄膜電極としての PEDOT に特化した成書もあってじつに興味深い[60)]。PEDOT と高分子エレクトロニクスについては 7 章でもう少し詳しく述べることにしたい。

6.2　フィルムスピーカー

　スピーカーとは電気的な信号を何らかの方法で物理的な振動に変換して音声を生み出すしくみ，つまり電気を音に変える装置である。もっとも一般的に普及しているスピーカーはダイナミック型（動電型）と呼ばれるもので，読者の皆さんが単に「スピーカー」といわれてイメージするのも，この形式であろうことは疑いない（**図 6.5**）。ダイナミック型スピーカーの心臓部は，ドーナッツのような円形をした中心に円柱が付いた永久磁石と，円柱に接触しないよう

コーン（振動板）

ボイスコイル

芯棒を持った磁石

図 6.5　よく知られている
スピーカーのしくみ

にはめこまれた円筒に巻かれたボイスコイルと呼ばれる導線にある。もしこの
コイルにオーディオ電流（音声を電気信号化した電流）が流れると，フレミン
グの左手の法則によってボイスコイルは振動する。ボイスコイルにはコーンと
呼ばれる振動板がつながっていて，ボイスコイルに合わせて振動し，周りの空
気を振れせる。この空気の振動こそ，「音」そのものである。

　ところが，このダイナミック型スピーカーとは似ても似つかない，変わった
スピーカーが世の中には存在する。その一つがフィルムスピーカー（薄膜ス
ピーカー）と呼ばれるもので，ピエゾフィルムの両面に薄膜状の電極をつけた
だけという，驚くほどシンプルな構造をしている（**図 6.6**）。

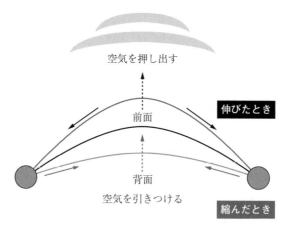

図 6.6　フィルムスピーカーのしくみ（株式会社クレハ
のホームページ[61] の図をもとに作図）

　電気が流れると伸び縮みして力を生み出し，逆に力を加えると電気を生み出
すという性質をピエゾ効果（圧電効果）という。このピエゾ効果を示す特殊な
材料が，ピエゾフィルム（圧電フィルム）である（**図 6.7**）。一見，ただの透
明なフィルムに見えてしまうが，秘密はその材質にあり，ポリフッ化ビニリデ
ン〔poly(vinylidene fluoride)〕というフッ素を含んだ特殊なプラスチックでで
きている（**図 6.8**）。ちなみに，ポリフッ化ビニリデンのフッ素原子を塩素原
子に置き換えたものは，ポリ塩化ビニリデンと呼ばれ，ガスバリア性に優れて

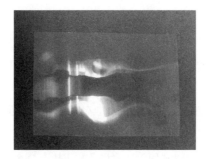

図6.7 ピエゾフィルム（圧電フィルム）

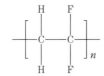

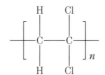

（a） ポリフッ化ビニリデン　　（b） ポリ塩化ビニリデン

図6.8 ポリフッ化ビニリデンとポリ塩化ビニリデン

いるので食品用ラップとして用いられている。

　ポリフッ化ビニリデンはフィルム状に成型しただけでは，プラスチックがランダムに絡み合った構造をしていて，ピエゾ効果を示さない。このフィルムを一定の方向に引っ張ることにより分子を並べる「一軸延伸配向」という仕上げの工程が必要である。この延伸処理によってポリフッ化ビニリデンは分子が一定の方向にそろって配向し，ピエゾ効果を示すようになる。

　先にも述べたとおり，このピエゾフィルムの両面に，ごく薄い電極を付け，電気を流すとピエゾ効果によって，フィルムが伸び縮みする。ところが，伸縮はポリフッ化ビニリデンの配向方向に沿うため，振動するのはフィルムの面に沿った向きで，両端の断面だけが空気を振わせるので，かすかに音が出るにすぎない。これではスピーカーとして使うには音が聞こえにくいので，工夫が必要である。答えは単純で，ピエゾフィルムに「たわみ」をもたせ，両端を固定してしまえば良い（図6.6）。そうすればピエゾフィルムの伸び縮みによって，フィルム前面の空気が押し出されたり，引きつけられたりして，より多くの空

気を振動させることができるので大きな音が出て，スピーカーとして十二分に機能する。実際にフィルムスピーカーをつくって，音楽を再生しながらフィルムをピンと張ったりたわませたりしてみると，音の大きさの変化はビックリするほどである。

　ここでもう一つ問題になるのが，ピエゾフィルムの両面にどうやって薄膜電極をつくるかということである。例えば，アルミニウムをピエゾフィルムの両面に真空蒸着という方法で成膜し，金属薄膜電極をつくることも可能だろう。実際につくってみると銀色の金属独特の光沢があって，なかなかカッコイイし，音も悪くない。しかし，真空蒸着は装置が大がかりになりすぎるし，だれにでも簡単にできるものではない。

　そこで，導電性プラスチック PEDOT の登場となる。原料である EDOT と触媒である p-トルエンスルホン酸鉄（Ⅲ）$Fe(OTs)_3$ をそれぞれアルコール溶液にしておき，必要に応じてそれらを混ぜ合わせることによって重合を行うことができる。

　ここでいま，一つの問題点として，ピエゾフィルムはポリフッ化ビニリデンでできているので，テフロンなどほかのフッ素系プラスチックにありがちな特徴であるが，溶液をはじきやすい難点がある。しかし，これもバイトロン CE やバイトロン CB（現クレヴィオス CE およびクレヴィオス CB）を用いると，この問題は難なく解決できる。ちなみに，アルコールはエタノール C_2H_5OH と n-ブタノール C_4H_9OH を比べると，n-ブタノールは人によっては悪臭と感じるにおいがあるので，エタノールを溶媒に用いているバイトロン CE（現クレヴィオス CE）を用いたほうが賢明である。

　濃度や温度などの条件にもよるが，この重合反応は比較的ゆっくり起こる。この混ぜてから重合するまでの時間差が，均一な PEDOT 薄膜をつくる上で，重要な意味をもつ。つまり，ピロールが酸化触媒に触れた途端に重合して真っ黒なポリピロールになるのとは対照的に，EDOT と酸化触媒が均一に混ざり合った状態で塗布成膜ができる。それをヘアドライヤーなどで温めると重合反応が促進され，ピエゾフィルム上に PEDOT 薄膜が形成されるのである。

　このとき留意したいのは，p-トルエンスルホン酸鉄（Ⅲ）は触媒であると同時に，ドーパントでもあることである。実際にできる PEDOT 薄膜の色は，触媒のために黄褐色を呈している。ここで余分な p-トルエンスルホン酸鉄（Ⅲ）触媒をエタノールですすぐことで除去すると，わずかに青みがかった，透明な PEDOT 薄膜が現れる。導電チェッカー「トオル君」を使って，導電性を確かめると確かに電気がよくとおることがわかる。ピエゾフィルムの両面に同じ操作を施すと，両面に導電性プラスチックの透明薄膜電極をつくることができる。かくして，アルミニウムを蒸着したフィルムスピーカーとはまた風合いが違った，世にも珍しい透明なスピーカーが完成するのである[62),63)]。

　じつをいうと，このピエゾフィルムと導電性プラスチックを組み合わせてフィルムスピーカーをつくるというアイディアは当時，東京農工大学の教授をしていた宮田清蔵の発案によるもので，導電性プラスチックにはポリピロールを用いていた。筆者（廣木）は実際にポリピロール薄膜電極を3章で紹介した触媒酸化重合を応用してピエゾフィルムの両面につくり，フィルムスピーカーをつくってみたことがある。確かに作製直後は音が鳴ったし，スピーカーとして機能していたが，膜がザラザラしていて真っ黒で，あまり見た目は良くなかった。さらに翌日には音が鳴らなくなってしまったのである。よく観察してみると部分的にポリピロールが黒から褐色に変色している様子が見られたので，ドーパントが抜けてしまって十分な導電性が発揮できなくなったと判断した。念のためトオル君でポリピロール膜の導通をチェックしてみると，場所によって電気がとおらない場所もあれば，かろうじて電気がとおる場所もあった。

　その点，環境安定性に優れた PEDOT は脱ドーピングすることもなく，高い電気伝導度を長く保っており，いかに安定な導電性プラスチックであるかがよくわかる。その安定性たるや特筆すべきもので，筆者（廣木）が初めてつくった PEDOT を使った透明フィルムスピーカーは，チャック付きビニル袋に入れた程度の保管条件でも約5年間，音を鳴らすことができたほどである。

　より大きく安定した音を求め，この透明フィルムスピーカーの実験に関して

は，お台場にある日本科学未来館のスタッフと共に検討実験を何度も何度も繰り返した。膜から過剰な *p*−トルエンスルホン酸鉄（Ⅲ）触媒を洗い流した後，高分子ドーパントであるポリスチレンスルホン酸やポリビニルスルホン酸で再ドーピングすると，驚くほど大きな音が出た。しかし，これら高分子ドーパントを用いると膜がべたつくなどの短所もあった[62)]。

　また，筆者（廣木）は，導電性プラスチックの実験に関しては，合成と応用を両方体験してもらうことにこだわっているのであるが，合成に固執しないのであれば，以前に比べ入手が容易になった市販の PEDOT/PSS 水懸濁液をそのままピエゾフィルムに塗布しても透明薄膜スピーカー作製は可能ではある。しかし，先ほど指摘したピエゾフィルムが溶液をはじいてしまう難点があるので，界面活性剤を入れて成膜しやすいように工夫された製品が向いている。前節で紹介した株式会社理学が市販している界面活性剤入り PEDOT/PSS 溶液「R-iCP」などが，その好例である[57)]。

　フィルムスピーカーで実際に音を鳴らすためには，ピエゾフィルムのインピーダンスが高いので，オーディオ信号を増幅するために専用のアンプが必須になる。アンプを**図 6.9**に示した。最近では PEDOT/PSS 溶液「R-iCP」の販売元でもある株式会社理学から購入できる[57)]。

　実際に透明フィルムスピーカーは市販されているので（**図 6.10**），興味のある方はインターネットで調べてみるのも良いだろう[64)]。

　こうなると実験でつくるフィルムスピーカーの音がどのようなものか気にな

図 6.9　フィルムスピーカー専用アンプ

図 6.10　市販の透明フィルムスピーカー

る方もいるだろうが，高音域の再生に向いており，いわゆるツイーターと呼ばれるスピーカーに相当する。さらなるスピーカー機能についての評価は，化学実験手引書という本書の位置づけからすると専門的になりすぎるので，ここでは割愛するが，詳しく知りたい方は文献を当たってみて欲しい[65]~[68]。

　あえて音質について触れたのには別に理由がある。最近の研究で広く用いられているダイナミック型スピーカーよりも，フィルムスピーカーは難聴者にとって聞き取りやすい音声を生み出すことが明らかになってきた[69]。化学実験でつくってお気に入りの音楽を聴くだけでも楽しいが，近い将来，フィルムスピーカーが多くの人々の役に立ち，大きく社会に貢献する日がやってくるかもしれないと，未来の技術を夢見るともっと楽しくなる。化学者というのは，案外ロマンチストなのかもしれない。

6.3　実験 ①：EDOT をフィルム上で触媒酸化重合する方法

【レベル】 小学 5 年生以上　やや難しい
【実験場所】 理科室・実験室・科学館など（通気を良くして行うこと）
【実験時間】 2.5 時間（準備・後片付けを除く）

　今回の実験では，透明フィルムスピーカーをつくる方法として，① EDOT を触媒酸化重合する方法，および ② 市販の PEDOT/PSS を塗布成膜する方法の 2 通りを紹介する。まず，本節では ① EDOT を触媒酸化重合する方法について解説する。

　実験に必要な材料として入手困難が予想されるのが，ピエゾフィルム（圧電フィルム）である。これがなくては始まらないという最重要の材料であるが，国内では製造業者が限られており，一般にピエゾフィルムそのものとして流通する量はきわめて少ない。こういう事情もあって，理化学機器を扱う会社から買えることには買えるのだが，非常に高額である。A4 サイズ（210×297 mm）で 5 万円前後である。

　もう一つの留意点は，先にも述べたとおり，専用アンプを事前に準備してお

く必要がある。図6.9に示したフィルムスピーカー用アンプ[57]を購入しておく。ここでもある程度のコストと労力を割かねばならない。

そういう意味では玄人向けというか，おいそれとできる実験ではないことを明記しておく。

反面，実施できれば化学のみならず，物理や電気の知識も含むので，学習できる内容はきわめて深い。さらに，事前に音源を持参するように知らせておけば，実験が成功すると，自分でつくった透明フィルムスピーカーからお気に入りの曲が鳴りだすので満足感・達成感は格別である。しかも，実験者一人ひとりが専用アンプと透明フィルムスピーカーを持ち帰れるようにすれば，自宅や学校など実験室の外でも音楽が聴ける。総合的に判断して苦労がしっかり報われることから，実験プログラムとしては100点満点といって良いだろう。

実験に必要な各器具の数量を以下に示した。

【器具】

□ビーカー（50 mL 用もしくは 100 mL 用）……1

□電子天秤（感量 0.1 g）……1

□メスシリンダー（50 mL 用もしくは 100 mL 用）……1

□メスピペット（1.0 mL 用および 10 mL 用）……各1

□薬さじ……1

□ガラス棒……1

□遠沈管（15 mL 用，**図6.11**）……2

□ねじ蓋付きガラス瓶（ジャム瓶，図6.11）……1

□ハンドラップ（図6.11）……1

□導電チェッカー「トオル君」（図3.5）……各1

□KF ピエゾフィルム（175 mm×120 mm×0.080 mm，株式会社クレハ製）……各1

□ろ紙（No.1，240 mmφ）……各3

□マスキングテープ（幅 24 mm の粘着テープ，リンレイテープ株式会社製 #121 など）……各1

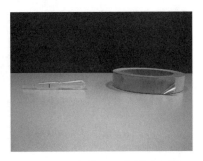

図 6.11 遠沈管，ジャム瓶，ハンドラップ，ポリスポイト，銅箔テープ（左から順）

□ヘアドライヤー……1

□ポリスポイト（図 6.11，1.0 mL の位置に印をつけておく）……1

□試験管（リムなし 30 mmϕ×200 mm）……各 1

□キムワイプ

□銅箔テープ（導電性接着剤付き，幅 10 mm，図 6.11）……1

□専用アンプ（株式会社理学[57]から完成品を購入できる）……各 1

□リード線（ワニ口クリップ付き，赤・黒）……各 1

□音源（携帯音楽プレーヤーなど，持参するよう指示する）……各 1

【試薬】（図 6.12）

□3,4-エチレンジオキシチオフェン（EDOT，$C_6H_6O_2S$ = 142.17，d = 1.342 g/cm^3，b.p. 112 ℃/20 mmHg，空気中で酸化する）

□p-トルエンスルホン酸鉄（Ⅲ）・6 水和物（$Fe(OTs)_3 \cdot 6H_2O$ = 677.52，潮解性あり），もしくはクレヴィオス CE（**図 6.13**，40 w/v $Fe(OTs)_3$ エタノール溶液）

□エタノール（C_2H_5OH = 46.07，d = 0.789 g/cm^3，b.p. 78 ℃，引火性）

□蒸留水

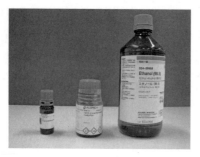

図 6.12　今回の実験で用いる試薬（左から順に EDOT, *p*-トルエンスルホン酸鉄, エタノール）

図 6.13　クレヴィオス CE

【実験操作】

Step 0　（事前準備）触媒溶液と EDOT 溶液をつくる（**図 6.14**）

1. 電子天秤にビーカーをのせて *p*-トルエンスルホン酸鉄（Ⅲ）・6 水和物 $Fe(OTs)_3 \cdot 6H_2O$ 14.3 g を量りとり，ビーカーにエタノール 22.7 mL を入れて溶かす。もしくは，クレヴィオス CE をそのまま用いる。これを触媒原液とする。

2. メスピペット（10 mL 用）で触媒原液 6.1 mL（4.4 mmol）にエタノール 10 mL を加えて希釈して触媒溶液とし，遠沈管に入れて栓をしておく。

3. メスピペット（1.0 mL 用）で EDOT 0.32 mL（2.2 mmol）にエタノール 5.0 mL を加えて希釈して EDOT 溶液とし，もう一本の遠沈管に入れて栓をしておく。

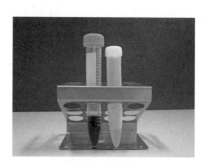

図 6.14　触媒溶液と EDOT 溶液の準備

※触媒溶液と EDOT 溶液は 1 実験グループ（4 〜 5 人）に一つ準備する。

4. エタノールと蒸留水を混合し，50 ％エタノールと 80 ％エタノールを調製しておく。

5. フィルムスピーカー専用アンプの完成品を実験者の人数分，購入しておく。

Step 1　触媒溶液を塗る

1. ろ紙をマスキングテープで実験台に固定する（**図 6.15**）。

2. 長方形の KF ピエゾフィルムをスジの入った向きが縦になるように，ろ紙の中心よりやや手前側に置き，4 辺をマスキングテープで固定する（**図 6.16**）。

3. マスキングテープが交差した 4 カ所（**図 6.17** に丸で示した部分）内側の上下方向の部分（図 6.17 に丸内の縦線で示した部分）は隙間ができやすく，この部分から混合溶液が浸み込んで，裏側に回り込む恐れがあるので試験管の丸底部分でしっかりと押し付けて密着させる。

4. 遠沈管に入った触媒溶液と EDOT 溶液の全量をジャム瓶に入れてガラス

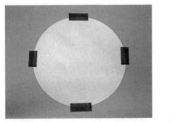

図 6.15　ろ紙を固定する

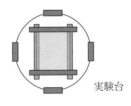

図 6.16　ピエゾフィルムを固定する①

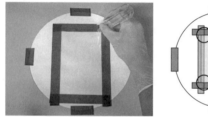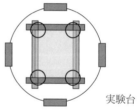

実験台

図 6.17　ピエゾフィルムを固定する②

図 6.18　触媒溶液と EDOT 溶液を混ぜ，
混合溶液をつくる

棒でよくかくはんする（**図 6.18**，しっかり蓋をして手でゆっくり振り，
かくはんしても良い）。

5.　ポリスポイトで混合溶液を約 1.2 mL 取り，ピエゾフィルムの手前側に一
直線にのせる（**図 6.19**）。

6.　試験管に軽く手を添え，**回転させないように注意しながら**，手前から奥に
スライドさせ，ピエゾフィルムに混合溶液を塗りつける（**図 6.20**，あまっ
た混合溶液は，試験管をピエゾフィルムの向こう側までスライドさせて，
ろ紙に吸収させる）。

7.　重合反応が進むにつれて，触媒の茶褐色から PEDOT 特有の薄藍色に変化
するのを観察する（**図 6.21**）。

8.　60 ℃以上には加熱しないように注意しながら，ヘアドライヤー（ピエゾ
フィルムから 20 cm 程度離し，温風「弱」）で混合溶液の膜を温め，ある
程度べたつきがなくなるまで乾かす（**図 6.22**）。

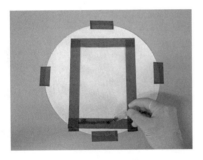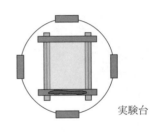

実験台

図6.19　ピエゾフィルムに混合溶液をのせる

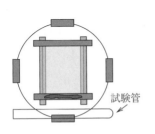

試験管

図6.20　ピエゾフィルムに混合溶液を塗る

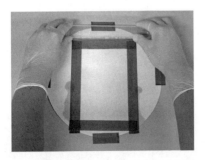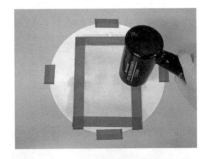

図6.21　重合反応の進行を観察する　　　　**図6.22**　ヘアドライヤーで温め，さら
　　　　　　　　　　　　　　　　　　　　　　　　　　に重合反応の進行を観察する

9.　傷をつけないように注意しながら，できた PEDOT 膜を導電チェッカー
　　「トオル君」でそっと触れてみて導電性を確認する（**図6.23**）。

10.　ここまで終わったら，裏面も１から９の手順に従って同じように処理し，
　　　両面に PEDOT 膜をつくる（**図6.24**，ただし，操作４のみ，すでにつ

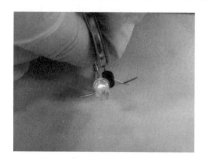

図 6.23　できた膜の導電性を確かめる

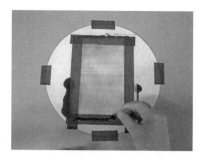

図 6.24　裏面も同様に処理する

くった混合溶液があるので省略)。

11.　両面ともほぼ乾燥したら，できた PEDOT 膜の表面をこすらないように
　　注意しながら，まず，50 ％エタノールが入ったステンレス製バットでこ
　　のフィルムを 2 〜 3 回すすぐ。裏返して 2 〜 3 回すすぐ。つぎに，80 ％
　　エタノールが入ったステンレス製バットで同じようにすすぎ，ろ紙にはさ
　　んで余分なエタノールを吸い取らせ，完全に乾燥させる (**図 6.25**)。

Step 2　補助電極を取り付ける (**図 6.26**)

1.　Step 1 でできあがったピエゾフィルム上の PEDOT 薄膜の四辺に銅箔テー
　　プ (導電性接着剤付き) を貼り付けて，補助電極をつくる。

　　　短い辺に付ける銅箔テープは 2 cm ほど長めに切って，はみ出した 2 cm
　　分は接着面を内側になるように半分に折り返す。

図 6.25　PEDOT 膜をエタノールですすぐ

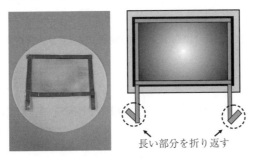

図 6.26 銅箔テープで補助電極をつくる

2. 片面が終わったら，裏面にも同じように銅箔テープを貼り付け，補助電極をつくる。このとき，銅箔テープがピエゾフィルムの外側にはみ出さないように注意する。

3. これで，PEDOT 薄膜を電極にした「透明フィルムスピーカー」のできあがり。

Step 3 音源および専用アンプをつなぎ，音を鳴らしてみる（**図 6.27**）

1. Step 2 でできあがった透明フィルムスピーカーに音楽プレーヤーを接続したオーディオアンプをつなぐ。

2. どんな音が出るか，確かめる。

3. 透明フィルムスピーカーをピンと張った状態（図（a））と曲げた状態（図（b））とで，音の大きさがどう変化するか試してみる。この図で使った

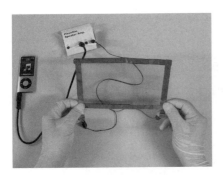
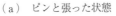
（a） ピンと張った状態

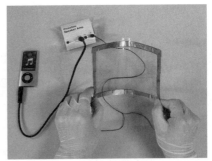
（b） 曲げた状態

図 6.27 透明フィルムスピーカーを鳴らしてみる

KF ピエゾフィルムはスジが横向きの場合を示している。スジが縦向きの
フィルムを使った場合には**短い辺の向きに曲げる**必要があるので注意が必
要である。

6.4　実験 ②：市販の PEDOT／PSS を塗布成膜する方法

【レベル】小学 5 年生以上　中程度の難易度
【実験場所】理科室・実験室・科学館など（通気を良くして行うこと）
【実験時間】1.5 時間（準備・後片付けを除く）

　透明フィルムスピーカーをつくる方法として，② 市販の PEDOT／PSS を塗
布成膜する方法について解説する。

　実験手順は実験 ① とほぼ変わらないが，準備段階での触媒溶液・EDOT 溶
液の調製や，実験での試薬混合・重合反応・エタノール洗浄の手間が省ける。
さらには PEDOT／PSS のうち，特に性能の良いものを用いれば補助電極すら
不要になるなど，利点は多くある。

　結果的に化学実験としての要素はやや減ってしまうが，かなりの時間短縮が
実現し，実験 ① 同様の満足度が期待できる。

【器具】
　□ねじ蓋付きガラス瓶（ジャム瓶，図 6.11）……1
　□ハンドラップ（図 6.11）……1
　□導電チェッカー「トオル君」（図 3.5）……各 1
　□ KF ピエゾフィルム（175 mm×120 mm×0.080 mm，株式会社クレハ製）
　　……各 1
　□ろ紙（No.1，240 mmφ）……各 3
　□マスキングテープ（幅 24 mm の粘着テープ，リンレイテープ株式会社製
　　#121 など）……各 1
　□ヘアドライヤー……1

□ポリスポイト（図6.11，1.0 mL の位置に印をつけておく）……1

□試験管（リムなし 30 mmφ × 200 mm）……各1

□キムワイプ

□銅箔テープ（導電性接着剤付き，幅 10 mm，図6.11）……1

□専用アンプ（株式会社理学[57]から完成品を購入できる）……各1

□リード線付き洗濯ばさみ……各2

□音源（携帯音楽プレーヤーなど，持参するよう指示する）……各1

【試薬】（図6.28）

　□ PEDOT/PSS 溶液（株式会社理学[57]やその他の試薬会社から購入できる）

図6.28　PEDOT/PSS 溶液

【実験操作】

Step 0　（事前準備）

1.　フィルムスピーカー専用アンプの完成品を実販者の人数分，購入しておく。

Step 1　PEDOT/PSS 溶液を塗る

1.　ろ紙をマスキングテープで実験台に固定する（**図6.29**）。

2.　長方形の KF ピエゾフィルムをスジの入った向きが縦になるように，ろ紙の中心よりやや手前側に置き，4辺をマスキングテープで固定する（**図6.30**）。

3.　マスキングテープが交差した4カ所（**図6.31**に赤丸で示した部分）内側の上下方向の部分（図6.31に縦の赤線で示した部分）は隙間ができやすく，この部分から混合溶液が浸み込んで，裏側に回り込む恐れがあるので

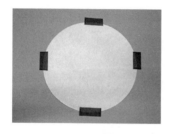

図6.29　ろ紙を固定する

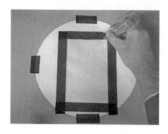

図6.30　ピエゾフィルムを固定する

図6.31　ピエゾフィルムを固定する

試験管の丸底部分でしっかりと押し付けて密着させる。

4. ポリスポイトで PEDOT/PSS 溶液を約 1.0 mL 取り，ピエゾフィルムの手前側に一直線にのせる（**図6.32**）。

5. 試験管に軽く手を添え，**回転させないように注意しながら**，手前から奥にスライドさせ，ピエゾフィルムに PEDOT/PSS 溶液を塗り付ける（**図6.33**，あまった PEDOT/PSS 溶液は，試験管をピエゾフィルムの向こう側までスライドさせて，ろ紙に吸収させる）。

6. 60℃以上には加熱しないように注意しながら，ヘアドライヤー（ピエゾ

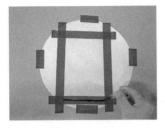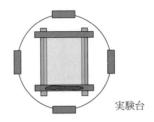

実験台

図 6.32　ピエゾフィルムに PEDOT/PSS 溶液をのせる

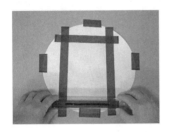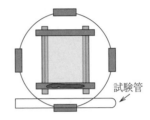

試験管

図 6.33　ピエゾフィルムに PEDOT/PSS 溶液を塗る

　フィルムから 20 cm 程度離し，温風「弱」）で PEDOT/PSS 溶液の膜を温
め，ある程度べたつきがなくなるまで乾かす（**図 6.34**）。

7.　傷をつけないように注意しながら，できた PEDOT/PSS 膜を導電チェッ
　　カー「トオル君」でそっと触れてみて，導電性を確認する（**図 6.35**）。

8.　ここまで終わったら，裏面も 1. から 7. の手順に従って同じように処理
　　し，両面に PEDOT/PSS 膜をつくる（**図 6.36**）。

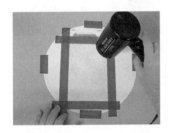

図 6.34　ヘアドライヤーで温め，PEDOT/
　　　　　PSS 溶液を乾燥させる

図 6.35　できた PEDOT/PSS 膜の導電
　　　　　性を確かめる

図 6.36　裏面も同様に処理し，PEDOT／
PSS 膜をつくる

Step 2　音源および専用アンプをつなぎ，音を鳴らしてみる（図 6.37）

1.　Step 1 でできあがった透明フィルムスピーカーに，音楽プレーヤーを接続
　　したオーディオアンプをつなぐ。

2.　どんな音が出るか，確かめる。

3.　透明フィルムスピーカーをピンと張った状態と曲げた状態とで，音の大き
　　さがどう変化するか試してみる。この図で使った KF ピエゾフィルムはス
　　ジが横向きの場合を示している。スジが縦向きのフィルムを使った場合に
　　は**短い辺の向きに曲げる**必要があるので注意が必要である。

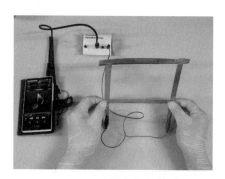 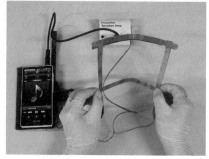

図 6.37　透明フィルムスピーカーを鳴らしてみる

【実験のコツと注意点】

Point 1　KF ピエゾフィルムをろ紙に置く際の注意

　KF ピエゾフィルムはポリフッ化ビニリデンのフィルムを一定方向に引き伸
ばし（一軸延伸配向），さらに直流の高電圧をかけて（ポーリング）つくられ
ているために，製造過程で延伸方向に細かいスジが入っている。このスジが
入っている方向に EDOT-触媒混合溶液または PEDOT／PSS 溶液を塗布すると

きれいに塗れる。

「Step 1 触媒溶液を塗る」の 2. では「**長方形の KF ピエゾフィルムをスジの入った向きが縦になるように**，ろ紙の中心よりやや手前側に置き，4 辺をマスキングテープで固定する（図 6.15）」とするとしているが，この図で使っている（KF ピエゾ）フィルムはスジが縦に入っているので縦置きにしている。**スジが短軸方向に入っているフィルムを使う場合は横置きになるので注意が必要**である。

Point 2　習熟実験としての 3 章

順に読み進んだ方はお気づきかもしれないが，本章で溶液をピエゾフィルムに塗り付ける操作は，3 章で紹介したピロールの触媒酸化重合の触媒を OHPフィルム（PET フィルム）に塗る操作と同じである。この操作は試験管を支える力加減や，転がさずにスライドさせる感触など，実際に経験してみて初めて体得できる，まさに勘にたよる部分が少なくない。

そこで透明フィルムスピーカーの実験教室を行う際には，ピエゾフィルムに塗る前に，一種の習熟実験としてピロール重合の実験をまずやってみる。そこで身につけた勘を活用して，本番の EDOT と触媒の混合溶液の塗布をうまくやってのけようというわけだ。その目的にかなうよう，3 章ではとりあえず実験台に固定されていれば良かった円形ろ紙も，ここでは本章で紹介したとおり，マスキングテープでしっかり 4 カ所貼り付ける。さらに OHP シートは，ピエゾフィルムと同じサイズに切って，こちらもマスキングテープで四角をつくって本番さながらにすると，予行演習としては完璧である。

もっとも，ピロールの触媒酸化重合はリハーサルという意味だけでなく，ポリピロールと PEDOT という 2 種類の導電性プラスチックに触れるチャンスをつくったり，ポリピロールというお土産ができたりするので，実施できればとても充実した実験教室になる。ただしこの場合，実験時間はプラス 1 時間程度を計上することをお忘れなく。

Point 3　アンプ組立て

Point 2 で紹介したピロールの重合を行うほどの時間はないが，なにか理科

工作のようなものをプラスして実験内容を充実したというとき,専用アンプの組立てはいかがだろうか?　部品一つひとつからの組み立てではなく,株式会社理学[57]から専用アンプを購入する際に,ケースに入れる前の"未"完成品をあえて購入して,その場で組み立てる(**図6.38**)。これには理科工作としての意味だけでなく,アンプの中身を見ることで,いろいろな電子部品が組み合わさった回路によってオーディオ信号が増幅されていることを知るという意味がある。

図6.38　専用アンプ(未完成状態,左上から反時計回りで出
力ケーブル,アンプ基板と電池ボックス,単4電池,パッ
ケージ用紙,ピロー型クリスタルボックス,入力ケーブル)

完成品を使うのは楽で良いが,スピーカーを鳴らすためにつなぐだけの装置,まったくのブラックボックスのままで良いのだろうか,としばしば思う。もっとも,あくまで導電性プラスチックの実験と位置付けて,アンプは二の次と考えることもできるので,時間や予算の都合に合わせて,自由に考えれば良い。

　ともあれ,あえて購入した未完成品のアンプを組み立てる操作の所要時間は15 〜 20分である。なお,未完成品を購入しても,完成品を購入したのと価格は同じである。

工作の手順（**図 6.39**）

1. パッケージ用紙を二つ折りにしてピロー型クリスタルボックスに入れる。

2. ハンドパンチで⏻（電源の押しボタンスイッチ），INPUT（入力），VOL.（ボリューム），SP.（スピーカー）の 4 カ所に穴を開ける

3. 電池ボックスに電池を入れ，ピエゾアンプ基板の INPUT（入力）と SP.（スピーカー）の六角ナットを外しておく。

4. クリスタルボックスの上下を指で押して丸くし，ピエゾアンプ基板を入れ，電池ボックスをアンプ基板の後ろ側に入れる。

5. クリスタルボックスから突き出た INPUT（入力）と SP.（スピーカー）に六角ナットをねじ込む。

6. クリスタルボックス表側のベロを先に，次いで裏側のベロを内側に折り込んで蓋をする。

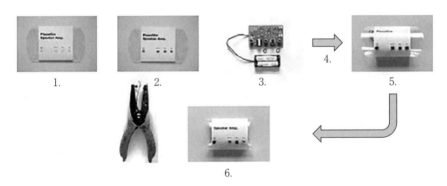

図 6.39　ピロー型クリスタルボックスを用いたアンプケース

Point 4　ピロー型クリスタルボックス

Point 3 のアンプケースに使われているのが「ピロー型クリスタルボックス」と呼ばれる枕型をしたプラスチックケースである（図 6.39）。おもにギフトショップなどでプレゼントの入れ物に使われるものだが，このカーブが，透明フィルムスピーカーの音を大きくする「たわみ」をつくるのに，とても適している。

そこで，このクリスタルボックスをうまく加工して透明フィルムスピーカー

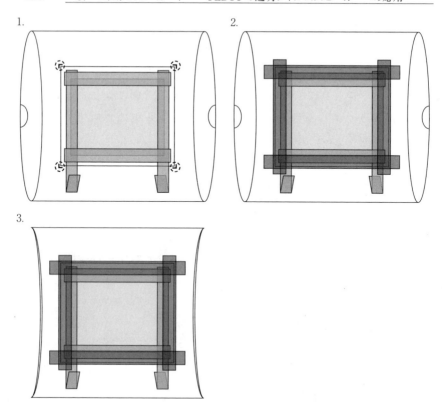

図 6.40　ピロー型クリスタルボックスへのスピーカーの収納

を貼り付けると，自立するスピーカーになり，また音も大きくなる（**図 6.40**）。

1. クリスタルボックスの表に透明フィルムスピーカーの各辺の長さより約 1 cm 短い矩形<small>けい</small>をサインペンで描く。つぎに丈夫な厚紙をクリスタルボックスの中に入れ，サインペンで描いた矩形をカッターナイフで切り抜く。

2. 矩形の穴の上に透明フィルムスピーカーを置き，4 辺をセロハンテープで固定する。この際，下に伸びた補助電柱が，横に貼ったセロハンテープより突き出ている必要がある。

3. クリスタルボックス表側のベロを先に，ついで裏側のベロを内側に折り込んで蓋をする。

Point 5　透明フィルムスピーカーの保管について

　先にも触れたが，筆者（廣木）がつくった PEDOT を使った透明フィルムス
ピーカーは，チャック付きビニル袋に入れた程度の保管条件でも約 5 年間，音
を鳴らすことができた。保管次第では，かなり長く性能を保ち続けると思われ
るが，いろいろ注意すべき点が多いのも確かである。

　まず，PEDOT 膜に触れないように工夫すべきである。PEDOT の膜がピエ
ゾフィルムからはがれてしまうのも良くないが，PEDOT のドーパントはp-ト
ルエンスルホン酸やポリスチレンスルホン酸（PSS）といった強い酸性の物質
なので，素手で触れるのは好ましくない。

　また，直射日光は論外としても，蛍光灯など光にあて続けるのも有機物であ
る PEDOT には良くない影響を与えてしまう。60 ℃以上の高温も，ピエゾフィ
ルムに悪影響を与えかねない。

　それらの点を考慮して，透明フィルムスピーカーはチャック付きビニル袋や
ピローケースに入れ，普段は冷暗所に置いておき，必要に応じて音を鳴らすと
きに持ち出して，お気に入りの音楽を楽しむというスタイルが，長い寿命を保
つ秘訣といえそうだ。

　逆に処分する場合はどうしたら良いだろうか？　銅の補助電極がある場合は
それを外し，なければそのまま「プラスチック」として，お住いの自治体の
ルールに従って処分するのが良い。もちろん銅は「金属」として処分する。

7 手づくりの有機 EL 素子
── PEDOT と MEH–PPV を使った高分子有機 EL 素子 ──

導電性プラスチックはドーピングされていない状態では半導体，ドーピングされた状態では導体として機能する。本章では，前章に登場したPEDOT ともう 1 種類の導電性プラスチック MEH-PPV の応用例として，スピンコーターや真空蒸着装置を一切用いない手づくりの高分子有機 EL 素子の作製実験を紹介する。

7.1 有 機 EL 素 子

有機化合物に電圧を加えると発光する現象を有機エレクトロルミネッセンス（有機 EL）と呼び，これを利用した発光素子が有機 EL 素子である。近年普及している有機 EL 素子であるが，端的にいえば「電気エネルギーを光エネルギーに変換，放出するしくみ」といえる。

もっとも単純な有機 EL 素子は，光を生み出す発光層を陽極と陰極によって，はさみこんだ単層型（シングルレイヤー型）であるが，一般的には電気エネルギーを効率良く発光層に注入するため，多層型（マルチレイヤー型）と呼ばれる構造になっている（図 7.1）。

この多層構造を初めて提案し，有機 EL 素子の扉を開いたのは，当時コダック社の研究員だったタン（C. W. Tang, 1947 年～）らであるが[70]，この 30 年の有機 EL 素子の発達には目をみはるものがある[71]〜[75]。

各層に用いられる有機化合物（図 7.2）には，現在主流の低分子系の電子注入・輸送層：トリス（キノリノラト）アルミニウム（Alq3）やホール注入・輸

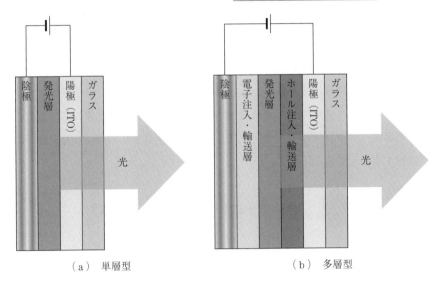

（a）単層型　　　　　　　　　（b）多層型

図7.1　有機 EL 素子の構造 単層型と多層型

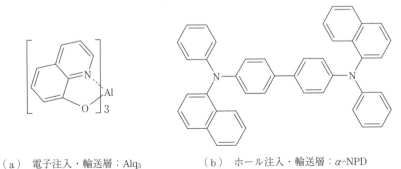

（a）電子注入・輸送層：Alq₃　　　（b）ホール注入・輸送層：α-NPD

図7.2　低分子有機 EL 素子に使われる代表的な化合物

送層：ナフチルフェニルビフェニルジアミン（NPD）など（図7.2），発達した共役系をもった物質が挙げられる[2),4)]。各層に用いる物質を工夫することで発光効率や，特に発光層については発光色を変えることができるところが，有機 EL 素子研究の面白いところである。

　有機 EL 素子は薄く軽く柔軟性に富み，製造工程に印刷技術などを応用できるなどの利点があり，超薄型のフレキシブルディスプレイや，天井や壁の全体

が発光する面照明として開発が進んでいる[73]〜[75]。エネルギー的な観点から見ても，自身は光らないのでバックライトが必要な液晶ディスプレイと比べ，有機ELディスプレイは発光物質そのものが光るので，優れている。

これらの発光材料は分子量の小さい有機化合物であったが，分子量の大きい導電性プラスチックの中にも優れたEL発光を示す物質が発見されている。これらの導電性プラスチックを使ったEL発光素子を高分子有機EL素子と呼んで区別することがある。

7.2 ポリフェニレンビニレン（PPV）

6章までに登場したポリピロール，ポリチオフェン，ポリアニリンやPEDOTは合成と同時にドーピングされていて，まさに電気を導くプラスチックであった。しかし4章のエレクトロクロミズムで紹介したように，導電性プラスチックにはドーピングされた状態と，ドーピングされていない状態が存在する。前者がおもに導体から半導体であるのに対し，後者は半導体からほぼ絶縁体である。ドーピングによって，電気伝導度を自在にコントロールできる物質としても導電性プラスチックはじつに興味深い材料といえる。特に，導電性プラスチックの電気的性質の多様性は，有機エレクトロニクスという分野をけん引してきた大きな原動力なのである[6]。

そもそもプラスチックの導電性という驚きの発明が注目された導電性プラスチックだが，その半導体としての性質にも着目し，さまざまな応用が研究されている[7],[26]。その最たるものが高分子有機EL素子への応用である。

それは1990年代，ケンブリッジ大学のフレンド（R. H. Frend, 1953年〜）らによる，PPVの電界発光（EL）の発表[76]に端を発し，導電性プラスチックを用いた高分子有機EL材料の研究が盛んになった。ドーピングされていない状態の導電性プラスチックの半導体的な性質を応用したもので，もはや導電性ばかりでなく，π電子が一次元状に並んで共役しているという意味で「共役系高分子」と呼ばれるようになった。高分子（英語ではポリマー（polymer））

とは，水やエタノールなどの小さな分子（低分子）に対して，とても大きな分子をさして使われる化学用語で，プラスチックより一般的な呼び名である。

　EL発光性のある導電性プラスチックは分子構造の設計次第でさまざまな発光色を得ることができる。すなわち，電子を共有できる広がり（共役系）をコントロールすることで，ポリ（p-フェニレン）（PPP）やポリフルオレン（PF）は青色から水色，ポリフェニレンビニレン（PPV）は緑色から橙色，ポリチエニレンビニレン（PThV）やポリチオフェン（PTh）は橙色から赤色といった具合に，導電性プラスチックだけで三原色をつくりだせる（**図7.3**）。

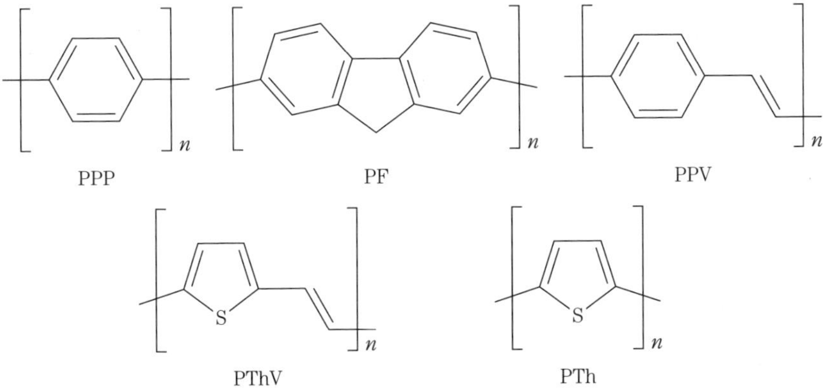

PPP　　　　　　　　　　PF　　　　　　　　　　PPV

PThV　　　　　　　　　　PTh

図7.3　有機EL素子に用いられる導電性プラスチック

　これらの発光性の導電性プラスチックや有機EL素子の詳細な素子構造などについては文献77，78に述べられているので，参考にして欲しい。すでに低分子有機EL材料を用いた有機ELディスプレイが普及しているが，より加工性に優れた導電性プラスチックを主体とする高分子有機EL素子にも期待がもたれている。

　ここで思いだして欲しいのは置換基をもたない導電性プラスチックが不溶不融で加工性が悪かったことである。そこで置換基を工夫した結果，有機溶媒への高い溶解性と強い発光で知られるのがポリ〔2-メトキシ-5-（2-エチルヘキシルオキシ）-1，4-フェニレンビニレン〕（MEH-PPV，**図7.4**）である。実際，フ

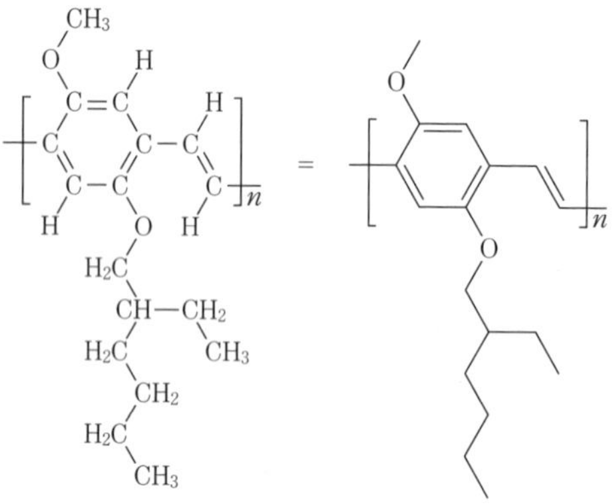

図 7.4　MEH-PPV の分子構造

レンドらが高分子有機 EL 素子を組み上げるのに用いたのもこの MEH-PPV
で[76]，有機 EL 素子において光を生み出す「発光層」として機能する。

　さらに多層型（マルチレイヤー型）の有機 EL 素子には，もう一つの導電性
プラスチックがオール注入層として使われていることが多い。6 章でも紹介し
た安定性，導電性，ホール注入性，ドーピング特性に優れている PEDOT であ
る。PEDOT はポリスチレンスルホン酸（PSS）を高分子ドーパントにして水
や有機溶媒に分散した PEDOT/PSS 懸濁溶液のスピンコートによって，たや
すく導電性プラスチック薄膜をつくることができ，また，ホール注入性に優れ
るため，有機 EL 素子のホール注入輸送層の定番になっている。

　つまり，高分子有機 EL 素子の層構造のうち導電性プラスチックは二つの層
に使われていて，一つ目はドーピングされていない半導体状態の MEH-PPV が
発光層に，二つ目がドーピングされている導体状態の PEDOT がホール注入層
に用いられており，どちらの特性もうまく応用されている。

7.3　実　　　　　験

【レベル】小学 5 年生以上

【実験場所】実験室・科学館（通気を良くして行うこと）

【実験時間】 2.5 時間（準備・後片付けを除く）

　通常，有機 EL 素子をつくるには，スピンコーターや真空蒸着装置など高価で操作に熟練を要する機器を使う必要がある[77),78)]。しかし，子供たちを含む一般向けの実験教室でこれらの機器を使用することは困難である。どこでもだれでもできる実験に仕上げるためには，スピンコーターや真空蒸着装置を用いずに発光層・注入層をつくり，簡単に封止（発光層などを空気に触れないよう密封すること）でき，電子注入層に安全な金属を用いる必要があり，克服すべき問題は多かった[49)]。

　先に解決し，この実験教室の開発を後押ししたのは，電子注入層の問題だった。通常の有機 EL 素子に用いられるカルシウムなどの金属蒸着による成膜は，装置や時間の都合で使用できない。また，カルシウムは水分と反応して水素を発生し，発火する危険があるので，取扱いが難しい。悩んでいたところ，住友化学株式会社の大西敏博らが，常温で液体のガリウム–インジウム共晶混合物（Ga-In 合金）を用いると，簡単に電子注入層を形成できることを教えてくれた。この Ga-In 合金は市販されており，たやすく入手できる。

　つぎの問題は封止をどのようにするかであった。有機 EL 素子に用いる材料は空気中の酸素や水分の影響を受けやすいので，それらを遮り密封する必要がある。通常，エポキシ系接着剤などで封止を行うが，この作業もある程度の熟練を要し，はっきりいって難しい。そこで筆者（白川）は「強力両面テープ」で封止するという提案をした。当時，素子の電極は両極とも ITO ガラスとした。陽極には PEDOT（ホール注入層）を成膜し，その上に MEH-PPV（発光層）を成膜する。陰極には Ga-In 合金を塗るのではなく，両面テープに約 1 cm 角の穴をあけ，それを ITO ガラスに貼り付けた上で，この穴に Ga-In 合金をのせる。これに陽極を貼り合わせれば，電子注入層の厚さは両面テープの厚さに制御され，煩わしい接着剤による作業を実験教室の参加者に強いずに済む。

　最後に問題になったのが，ホール注入層と発光層の成膜であった。当初はそれぞれを塗って成膜を試み，一応は素子を組み上げ，発光させることには成功

した。しかし，膜の厚さが不均一であるため，ときにはショート，ときには接触不良で実験の成功率が低かった。

　ホール注入層の成膜については，シリコンゴムの板を使い，簡易的な電気化学重合法を思いついたことで解決した。当時，筆者（廣木）が客員研究員を務めていた理化学研究所で，同室の研究員がたまたま使っていたシリコンゴムの薄板より発案したもので，ITO ガラスの導電面と対極のステンレス板を薄いゴム板をはさんで等間隔に保ち，EDOT 溶液につけて電圧を印加する。すると，流した電流と時間によって，任意の厚さのホール注入層をつくることが可能となった。この手法は 4 章や 5 章で行った電気化学重合法の基礎にもなっている。

　最後に残った発光層の問題も，ディップコート法の採用により解決した。溶媒と MEH-PPV の濃度を工夫することで，それまでよりも均一な発光層の成膜が可能となった。

　こうしてスピンコーターも真空蒸着装置も使用しない，いわば「手づくりの」高分子有機 EL 素子の実験教室が完成した。最終的に決定した高分子有機 EL 素子の構造は**図 7.5** のようなものである。

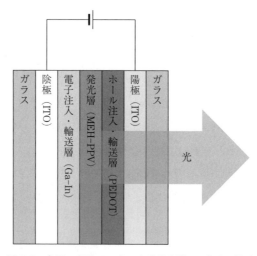

図 7.5　今回の実験でつくる高分子有機 EL 素子の構造

【器具】

☐電源装置……グループごとに1

☐テスター……グループごとに1

☐ヘアドライヤー……グループごとに1

☐ビーカー（200 mL用）……グループごとに1

☐トールビーカー（200 mL用）……グループごとに1

☐分注ピペット（マルチペットプラス，**図7.6**）……グループごとに1

☐秤量瓶（25 mmϕ，45 mm）……グループごとに1

☐褐色瓶（100 mL用）……グループごとに1

☐リード線（ミノムシクリップ付き，赤・黒）……各1

☐打抜きパンチ（あると便利。大きな文具店・量販店で購入できる）……1

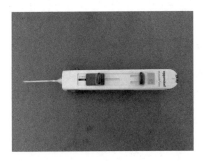

図7.6 分注ピペット

【試薬】（図7.7）

☐3, 4-エチレンジオキシチオフェン（EDOT, $C_6H_6O_2S$＝142.17，d＝1.342 g/cm^3，b. p. 112℃/20 mmHg，空気中で酸化する）

☐過塩素酸リチウム（$LiClO_4$＝106.39，潮解性，激発性あり）

☐ガリウム-インジウム合金（Ga-In合金，常温で液体 m. p.（融点）16℃，強い付着性あり）

☐99.5％エタノール（C_2H_5OH＝46.07，d＝0.789 g/cm^3，b. p. 78℃，引火性あり）

☐70％エタノール（99.5％エタノールと蒸留水を7：3で混合して調製）

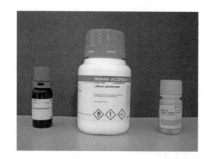
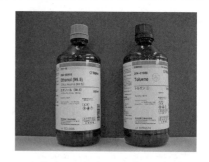

（a）　EDOT，過塩素酸リチウム，Ga-In 合金　　　（b）　エタノール，トルエン

図 7.7　実験で使用する試薬（左から順）

□ポリ［2-メトキシ-5-(2-エチルヘキシルオキシ)-1,4-フェニレンビニレン］（MEH-PPV，分子量 $\overline{M}_n$ = 100 000（数平均）以下が望ましい）

□トルエン（$C_6H_5CH_3$ = 92.14，d = 0.867 g/cm^3，b.p. 110 ℃，引火性あり）

□蒸留水（H_2O = 18.01，d = 1.00 g/cm^3）

【その他の材料】（図 7.8）

□ITO ガラス（20×50×0.50 mm，10 Ω/sq 以下が望ましい）

□ステンレス板（15×45×0.50 mm）

□ろ紙（吸取り紙として使用，サイズ・No. は問わない）

□シリコンゴム板（スペーサー，10×10×1.0 mm）

□オールプラスチックピンチ

□丸型シール（5 mmϕ，導電面・電極確認用）

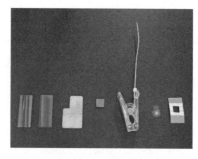

図 7.8　その他の材料

□両面テープ（25 mm×25 mm の大きさに切り，中央に 10 mm×10 mm の穴を開けておく）

□クッキングシート（両面テープの裏紙用）

□キムワイプ

【実験操作】

Step 0　事前準備

EDOT 溶液

　EDOT 0.165 mL，過塩素酸リチウム 0.80 g を 70 %エタノール 75 mL に溶かす。できるだけ直前に調製し，褐色瓶に入れて密栓をして冷蔵庫に保管しておく。

MEH-PPV 溶液

　MEH-PPV：0.040 g をガラス製秤量瓶に量り取り，トルエン 10 mL を加えて完全に溶解しておく（完璧を期するなら，マグネチックスターラーで 2～3 日間，しっかりかくはんし，シリンジフィルターでろ過したものをガラス製秤量瓶に分注しておく☞ **Point 1**。

ITO ガラス

　テスターで導通を確認し，導電面にシールを貼っておく（**図 7.9**）。

図 7.9　ITO ガラスの準備

両面テープ

　25 mm×25 mm の大きさに切り，適当な大きさに切ったクッキングシートに貼り付けて，10 mm×10 mm の穴を開けておく。穴の形状は正方形でも良いが，打抜きパンチで星形やハート形など，穴の形を変えても面白い。

Step 1　セルを組み立てる

　4章とまったく同様にシリコンゴムのスペーサーを介して，ITO ガラスの導電面を内側にしてステンレス板を向かい合わせ，オールプラスチックピンチではさみ，セルをつくる（**図 7.10**）。

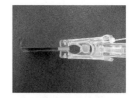

図 7.10　電気化学重合用のセル

Step 2　セルをリード線で電源につなぐ

　電源装置の電極にリード線をつなぎ，ITO ガラスに正極（＋）のリード線（赤），ステンレス板に負極（−）のリード線（黒）をつける（**図 7.11**）。

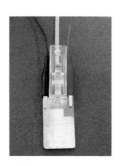

図 7.11　セルとリード線のつなぎ方

Step 3　EDOT を重合し，ホール注入層をつくる

　200 mL 用トールビーカーに EDOT 溶液 75 mL を入れる。電源装置とつないだセルを EDOT 溶液に浸し（高さにして 20 mm），2.0 V で約 10 秒間，電気化学重合を行い，PEDOT を得る（**図 7.12**）。

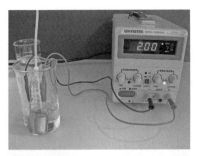

反応前　　　　　　　　　　　　　　　　　反応後

図 7.12　EDOT の電気化学重合

Step 4　ホール注入層を洗浄，乾燥する

　PEDOT（ホール注入層）は ITO ガラス状に薄青紫色の薄膜として得られる。
200 mL 用ビーカーに蒸留水を約 100 mL 入れる。重合が終わったら，セルを
分解して，取り外した PEDOT 薄膜付き ITO ガラスをこの蒸留水ですすぎ，ヘ
アドライヤーの温風で乾燥させる（**図 7.13**）。

図 7.13　ホール注入層の洗浄と乾燥

Step 5　発光層をつくる

Step 4 で作成した PEDOT 薄膜付き ITO ガラスを MEH-PPV 溶液（高さ 25 mm）に入れ，発光層をディップコートする（**図 7.14（a）**）。

余分な MEH-PPV 溶液はろ紙に吸収させて除き（図（b）），ガラス面（ITO の付いていない面）に付着した MEH-PPV を少量のエタノールをつけたキムワイプで拭き取る（図（c））。

Step 6　電子注入層（GA-In）の準備

もう一枚の ITO ガラスのシールを貼った面に，穴をあけた両面テープを貼る（**図 7.15（a）**）。つぎに，両面テープの裏紙をはがし，窓の中央に分注ピ

（a）　ディップコートによる発光層の成膜

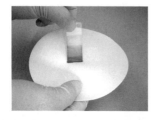 

（b）　余分な MEH-PPV 溶液の処理　　　　（c）　ガラス面（シールを貼っ
　　　　　　　　　　　　　　　　　　　　　　　　　ていない面）の拭きとり

図 7.14　発光層のつくり方

図 7.15　ITO ガラスへの両面
　　　　　テープの貼付け

ペットを使って Ga-In 合金約 0.050 g をのせる（**図 7.16**）。

Step 7　有機 EL 素子を組み立てる

　Step 6 で準備した Ga-In 合金をのせた ITO ガラスの上に，導電面を下にして発光層をつけた ITO ガラスを貼り合わせる。この際，押し付けすぎて Ga-In 合金が窓からはみ出さないように注意すること（**図 7.17**）。

Step 8　高分子有機 EL 素子を光らせる

　発光層をつけた ITO ガラスに正極（＋）の赤いリード線，Ga-In 合金をのせた ITO ガラスに負極（−）の黒いリード線をそれぞれつなぐ（**図 7.18**（a））。

　正極（＋）につないだ ITO ガラスが上になるようにして電圧をかける。安全のため電源は 0 V に設定しておき，3 V 前後から徐々に電圧を上げ，発光の様子を観察する（**口絵 2**）。このとき，発光を見やすくするため部屋を暗くす

（a）　分注ピペットを使う　　（b）　Ga-In 合金がのった様子

図 7.16　Ga-In 合金（電子注入層）の準備

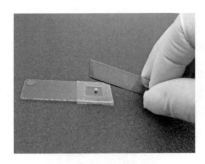
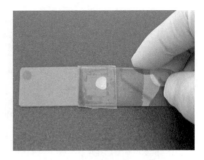

（a）　　　　　　　　　　　　　　　（b）

図 7.17　有機 EL 素子の組立て

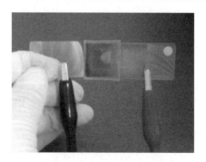

図7.18　素子と電源の接続

ると良い。

【実験のコツと注意点】

Point 1　　ガラス製秤量瓶の使用

　今回の発光層に用いた導電性プラスチックのMEH-PPVは驚くほど高額で，
1g当り75 000円，じつに金の15倍である。これは無駄にできないと，筆者
（廣木）は必死で知恵を絞った。

　そこで最終的にたどり着いたのが，ITOガラスがギリギリ入る口径のガラス
秤量瓶にMEH-PPV溶液を入れて，最低限の量を用いる方法である。当然なが
ら秤量瓶のサイズがとても重要で，直径25 mmφ，高さ45 mmが最適である。
この中でMEH-PPVを量り，溶媒を加えて溶かして使う。これなら無駄がなく
て済む。しかも秤量瓶にはすり合せの蓋がついており，溶媒が揮発するのを防
いでくれるので，事前につくっておける（**図7.19**）。

図7.19　秤量瓶（中央が最適）とITOガラス

　重要な点はもう一つある。秤量瓶に入れる MEH-PPV 溶液の理想的な深さが
あって，それが 25 mm である。この深さにしておけば，PEDOT がついた ITO
ガラスを秤量瓶の底につくまで入れて，そのまま持ち上げると，ちょうど良い
高さまで MEH-PPV 溶液がディップコートできる。

　ただ難点もあって，小さな秤量瓶は倒れやすい。これでは大切に扱ってきた
MEH-PPV の溶液をこぼしてしまう可能性がある。そこで提案したい一工夫。
ディスポトレーという使い切りのプラスチックのトレーがある（**図 7.20**）。こ
れに秤量瓶を両面テープで貼り付けてしまう。そうすれば倒れにくくなるし，
MEH-PPV 溶液で実験台を汚してしまうことも防げるので，一石二鳥である。

図 7.20　ディスポトレーを用いた
秤量瓶の転倒防止

　なお，ディスポトレーは実験者各人の器具や材料を個々に分けておくのに
ちょうど良い。そうしておけば配るのも楽である。安価に入手できるため，い
くつか大きさを揃えておくと，この実験に限らず，なにかと重宝する。

Point 2　シリンジフィルターによる MEH-PPV 溶液のろ過

　MEH-PPV は高価である。実験に使うからには，絶対失敗したくない。繰り
返した実験の中でたどり着いた一つの秘訣が MEH-PPV を**完全に溶解する**とい
うことである。

　MEH-PPV は有機溶媒のクロロホルムやテトラヒドロフラン（THF），トル
エンやクロロベンゼンによく溶ける。初期の実験ではクロロホルムや THF を
用いていたが，安全性と成膜性を比較検討した結果，最近はトルエンを溶媒に

用いている。

　さらに重要なのが，MEH-PPV の分子量である。導電性プラスチックの分子量というのは大まかにいえば分子の長さ・大きさだと思えば良いのだが，MEH-PPV にはさまざまな分子量の市販品がある。例えば，シグマアルドリッチの製品では，分子量が 40 000 〜 70 000（製品番号 541443），70 000 〜 100 000（同 541435），140 000 〜 250 000（同 536512）と 3 種類ある。溶解性と成膜性の兼合いから，今回の実験では**分子量が 70 000 〜 100 000**（同 541435）にトルエンを加え，2 〜 3 日マグネチックスターラーでじっくりかくはん，溶解するのが確実である（**図 7.21**）。

図 7.21　マグネチックスターラーを用いた MEH-PPV の溶解

　念には念を入れて，かくはんした後に**シリンジフィルターを用いて使用前にろ過すると完璧**である（**図 7.22**）。

　この際に注射器を使用するが，ルアーロック付きオールプラスチックシリンジが便利である。本体もピストンもすべてプラスチック（ポリプロピレン，PP）でできた注射器なのだが，有機溶媒に強い。先端部にシリンジフィルターをねじ込んでロックできるため，ピストンを押しすぎてもフィルターが抜け落ちる心配がない。なお，ピストンにゴムを使った注射器は有機溶媒には適していないので使用を避ける。ルアーロック付きならガラス製注射器でも良いのだが，使い終わった後の洗浄に苦労するので，こちらもあまりお薦めしない。

　シリンジフィルターはハウジングと呼ばれる本体がポリプロピレン製，フィルターがナイロン（NY）製かテフロン（PTFE）製の有機溶媒用を選ぶ。フィ

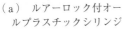

（a）ルアーロック付オー　　（b）シリンジフィルター　　（c）ろ過の様子
　　ルプラスチックシリンジ

図 7.22　シリンジフィルターを用いた MEH-PPV 溶液のろ過

ルターの孔径 5.0 μm，直径 25 mm がもっとも適している。これより孔径や直径が小さいと，ろ過に無駄に時間と力を要するし，最悪の場合，目詰まりしてしまう。これより大きいとろ過が不十分で，しかも溶液の無駄が多くなる。

Point 3　これは曲者〔くせもの〕，Ga-In 合金

　有機 EL 素子をつくる際に，電子注入層はたいていアルミニウムなどの金属を大がかりな真空蒸着装置を用いて発光層に付着させるのが通例であるが，Ga-In 合金を用いることで，この煩雑な操作を回避できた。その意味で Ga-In 合金は，本実験の要（かなめ）の一つといって良いのだが，その扱いは一筋縄ではいかない。

　Ga-In 合金の融点は 15.7 ℃，常温で液体である。一見，水銀のようにも見えるのだが，やっかいなのはなににでもくっついて離れない，付着性の強さである。水銀は球になって，つまもうと思ってもつまめず，それはそれで扱いにくいが，ガラスやプラスチックは水銀をはじくので，移し替えるのは比較的容易である。しかし，Ga-In 合金はところかまわずくっついて，通常なら液体をはじくガラスやプラスチックにすら付着する。この実験では ITO ガラスの上に Ga-In 合金を一定量のせる必要があるが，その際に用いるスポイトやピペットでも同様である。しかも，Ga-In 合金が多すぎると封止に使った両面テープの穴からはみ出してショートの原因になるし，少なすぎると電子注入がうまく

いかず，どちらもたいてい実験に失敗してしまう。

　Ga-In 合金を一定量，確実に ITO ガラスにのせる方法……あの手この手を尽くして，最終的にたどり着いたのが，今回使用した分注ピペットである。取外し可能な先端部に仕掛けがあって，最後まで液体が押し出されるようになっている。高価な器具なので，代用するなら通常のマイクロピペットだが，ピペットチップに Ga-In 合金が残りやすく，話はそう簡単ではない。

　一事が万事この調子，Ga-In 合金は実験台にこぼすと拭いても拭いても薄く広がるだけで，なかなか取れない。手や衣服についたら，それこそ一大事。洗っても洗ってもそう簡単には落ちない。とにかく Ga-In 合金は実験になくてはならない物質にも関わらず，苦労のさせられどおしである。水銀ほどではないが，ガリウムには毒性もあるので，これらの点からも，実験時には**必ず白衣とゴム手袋を身に着けること**。

Point 4　習熟実験としての 5 章と素子の廃棄について

　6 章の透明フィルムスピーカーにおいて 3 章のポリピロールの触媒酸化重合がフィルムに溶液を塗りつける良い練習だったのと同様に，本章に対しては 5 章のポリピロールの電気化学重合が習熟実験として適している。

　Point 3 でも触れたことだが，Ga-In 合金に含まれるガリウムには弱いながらも毒性があるので，残念ながらできあがった**高分子有機 EL 素子は持ち帰れない**。そこで，電気化学重合でつくったポリピロールと，できれば導電チェッカー「トオル君」をお土産にしてみてはいかがだろうか？

　もう一つ留意して欲しい点が，つくった高分子有機 EL 素子の廃棄についてである。**産業廃棄物として捨てる必要があり**，判断に困る場合は自治体の窓口に問い合わせ，適切に廃棄するよう，心がけてもらいたい。

8 手づくりの太陽電池
── PEDOT を使ったペロブスカイト型 太陽電池──

　7章では導電性プラスチックを使って，手づくりの高分子有機 EL 素子を
組み上げた。本章では，ペロブスカイト型結晶と酸化チタン，および導電
性プラスチックの PEDOT を組み合わせた応用例として，スピンコーター
や真空蒸着装置を一切用いないペロブスカイト型太陽電池の手づくり実験
を紹介する。

8.1　太　陽　電　池

　7章で扱った有機 EL 素子は，「電気エネルギーを光エネルギーに変換，放出
するしくみ」であった。それと裏表の関係にある素子が太陽電池であり，光を
受けて電気を生み出す光電変換と呼ばれる現象を利用した，光エネルギーを電
気エネルギーに変換するしくみである。光エネルギーを直接電気エネルギーに
変換できることから，クリーンで環境負荷の少ない発電方法として注目を集め
ている[46]。

　一般に広く普及し，利用されているのは無機系太陽電池であり，腕時計や電
卓から住宅用太陽電池，また大面積の太陽電池であるソーラーパネルを大量に
用いたソーラー発電所にまで利用が進んでいる。これは n 型半導体と p 型半
導体のいわゆる p-n 接合面に光が吸収されると，電荷分離が起こって電子と
ホールが生成し，それを集電極に導くことで両極間に起電力が生じるという現
象を利用したものである（**図 8.1**）。かつての高価だった結晶系シリコンに換
わって，比較的安価なアモルファス系シリコンを用いた太陽電池が主流になり

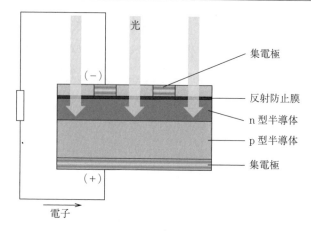

図 8.1　太陽電池の基本構造

つつあり，発電効率は 20 ％を超える。

　これらの無機系太陽電池に対し，有機系太陽電池の研究・開発も盛んに行われており，色素増感太陽電池[79), 80)] や有機薄膜太陽電池[81) ～ 83)] がおもなものである。

　色素増感太陽電池は発明者の名前を冠してグレッツェルセルとも呼ばれ，光触媒として有名な酸化チタン（Ⅳ）TiO_2 と色素を組み合わせた電荷分離層を有する。まず，色素が光エネルギーを吸収して電荷分離を起こし，その電子は酸化チタンに移り，さらに集電極へと伝わる。その電子は外部負荷を経由して対極に移動，電解液中のヨウ素 I_2 を三つのヨウ化物イオン I^- に還元する。ヨウ化物イオンは色素によってまた還元される。これらの一連の流れが繰り返されることで太陽電池として作用する。注目すべきは白色で紫外線線領域にしか吸収をもたない酸化チタンの上に，可視光を吸収する色素を吸着させて光エネルギーを効率的に捕えることを可能にした点である。電解液を使用しているなど短所もあるが，低コスト・省エネルギーで製造可能な太陽電池として注目を浴びた。色素増感太陽電池にポリアニリンなど導電性プラスチックが用いられることもあるが，電極や電荷を蓄える層に用いられる程度で，どちらかといえば脇役に徹しているので，ここでは深く論じない[80)]。実際につくってみたい方

は，易しい解説書[84]や工作キットも出ているので，そちらを参考にして欲しい。

他方，有機薄膜太陽電池では導電性プラスチックが主役といえる。有機薄膜太陽電池は**図8.2**に示すように多層型の電池（マルチレイヤー型電池）をなしていて，類似の構造をもつ多層型（マルチレイヤー型）有機EL素子（図7.1）と裏表の関係にある。

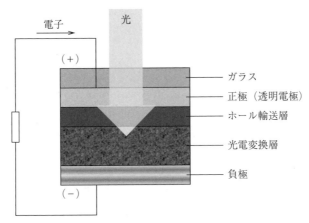

図8.2 有機薄膜太陽電池の多層構造

もっとも重要な役割をする層が電荷分離層で，この層に光を受けて電荷分離を起こし，電子とホールを生み出す点は無機半導体のp-n接合と同様である。有機薄膜太陽電池に特徴的なのは，電子を与える電子供与体（ドナー）である導電性プラスチックのポリチオフェン誘導体，および電子を受け取る電子受容体（アクセプター）のフラーレン誘導体という2種類の有機半導体（**図8.3**）が，バルクヘテロ接合して電荷分離層をつくることである。バルクヘテロ接合とは，簡単にいえば二つの物質が複雑に組み合って大きな接合面積をもつ状態を指しており，発電効率の向上に一役買っている。

さらに，電荷分離層の正極側にはホールを正極に受け渡すホール輸送層として，もうおなじみになったであろう導電性プラスチックのPEDOT/PSSが用いられている（図8.3）。正極には透明電極のITOガラス，また，負極にはアルミニウムなどの金属が使用される（図8.2）。

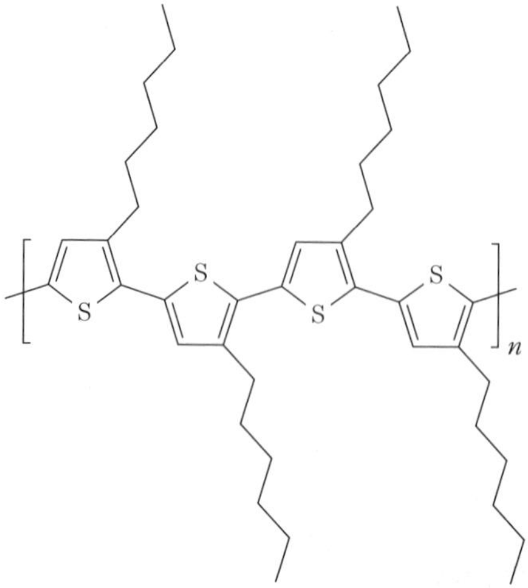

（a）　電子供与体：ポリチオフェン誘導体
　　　　　　　（P3HT）

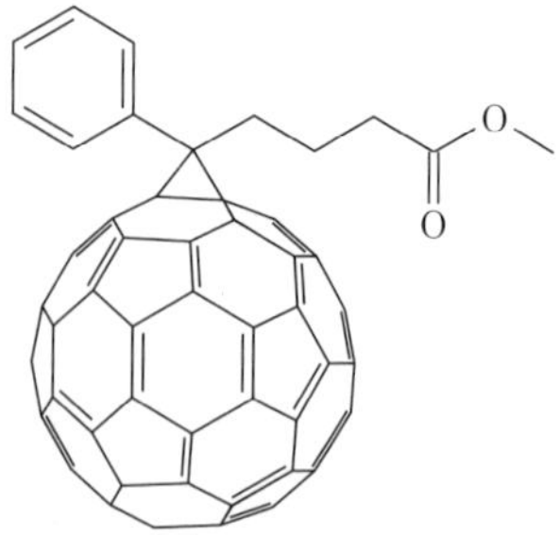

（b）　電子受容体：フラーレン誘導体
　　　　　　　（PCBM）

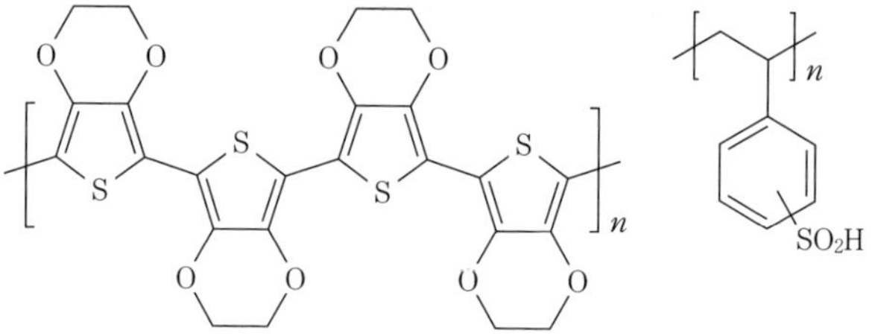

（c）　ホール輸送層：ポリエチレンジオキシチオフェン（PEDOT／PSS）

図8.3　有機薄膜太陽電池に用いられる物質

　これらの電荷分離層・電子輸送層・ホール輸送層に用いる物質を変えることにより，発電効率や素子の寿命など性能を改善することができるのが有機系太陽電池研究の面白さである。

　有機系太陽電池の多くはどれも薄く軽く柔軟性に富んでいる。製造工程に印刷技術（プリンタブルエレクトロニクス）などを応用することで安価に製造できるなど多くの利点をもつ。従来，無機系太陽電池の半分程度であった発電効率も劇的に上昇し始めた。新世代の太陽電池として注目に値する。

8.2　ペロブスカイト型太陽電池

　近年開発されたペロブスカイト型太陽電池は，色素増感太陽電池と有機薄膜太陽電池の長所をうまく組み合わせたものである。

　2009 年に，宮坂 力，小島陽広らがペロブスカイト型の結晶構造をもつヨウ化鉛メチルアンモニウム $(CH_3NH_3)PbI_3$ を色素増感太陽電池の光増感剤の代わりに用いて最初の太陽電池を発表した[85]。そのときの発電効率は 3.8 ％で，有機系の太陽電池としては悪くない値であった。

　ヨウ化鉛メチルアンモニウム $(CH_3NH_3)PbI_3$ は，ヨウ化メチルアンモニウム CH_3NH_3I とヨウ化鉛（II）PbI_2 の溶液反応で合成されるが，この溶液を一定の温度以上に加熱すると色が黄色から暗褐色に変化してペロブスカイト型の結晶ができる。

$$CH_3NH_3I + PbI_2 \quad \rightarrow \quad (CH_3NH_3)PbI_3$$

　ペロブスカイトとは一般式 ABX_3 で表される物質の総称で，超伝導など興味深い電磁気的特性をもった物質群として知られている。A がメチルアンモニウムイオン $(CH_3NH_3)^+$，B が鉛（II）イオン Pb^{2+}，そして X がヨウ化物イオン I^- になったものがヨウ化鉛メチルアンモニウム $(CH_3NH_3)PbI_3$ であるが（**図8.4**），薄膜にして光を当てると強く蛍光発光するなど，光に対する応答性をもっている。

　これをうまく無機物である酸化チタン（IV）TiO_2 と組み合わせて，太陽電池の光増感層に使ったのがペロブスカイト型太陽電池である。電解液を用いず，完全に固体のペロブスカイト結晶によって光増感層が置き換えられたことで，実用化への道を突き進んでいる[86]。すでに 20 ％を超えた発電効率は無機系太陽電池に引けを取らないレベルといえる。

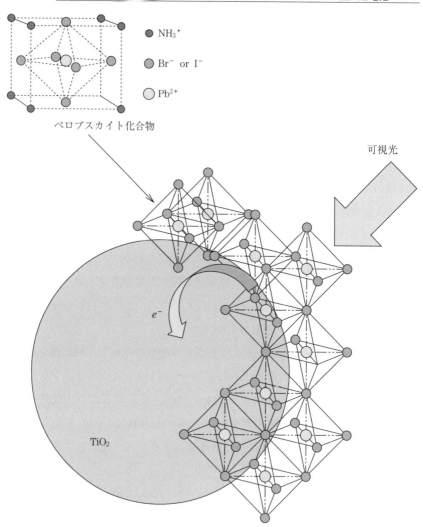

NH$_3^+$

Br$^-$ or I$^-$

Pb^{2+}

ペロブスカイト化合物

可視光

e^-

TiO$_2$

ペロブスカイトナノ結晶増感剤

図 8.4 ペロブスカイト結晶（桐蔭横浜大学 宮坂研究室 提供）

8.3　実　　　　　験

【レベル】小学5年生以上

【実験場所】実験室・科学館（通気を良くして行うこと），理科室では困難。

【実験時間】2.5時間（準備・後片付けを除く）

　有機EL素子と同様に，研究室でペロブスカイト型太陽電池を作製する場合，スピンコーターや真空蒸着装置などの機器を使う必要がある。しかし，本章も子供たちを含む一般向けの実験であることから，これらの機器を使用することはできない。

　ここでは，桐蔭横浜大学宮坂研究室が桐蔭学園高等学校の生徒を対象に行った実験をもとに，「手づくり」のペロブスカイト型太陽電池のつくり方を紹介する[87]。

　通常，導電フィルム上に酸化チタン層 TiO_2 やペロブスカイト層 $(CH_3NH_3)PbI_3$ をつくる際にはスピンコーターを用いる。どちらも数十〜数百 nm（ナノメートル，定規の一番小さい mm 目盛のさらに100万分の1）という非常に薄い膜をつくる必要があるからである。ここで述べる方法では一度塗った酸化チタンをあえて拭き取り，導電フィルム上にわずかな量の酸化チタンを残すという方法で成膜を行う。こうしてつくった酸化チタン層の上に，微量のペロブスカイト溶液をたらし，塗り広げることでペロブスカイト層を成膜する。

　ホール注入層の成膜については，私たちが手づくりの有機EL素子の実験教室で考案したシリコンゴムのスペーサーを使った簡易的な電気化学重合法を採用する。ただ，導電フィルムが ITO-PEN（インジウム-スズ酸化物付きポリエチレンナフタレート）というプラスチックフィルムであるため，向かい合う距離が短いと内側に曲がってショートしてしまうため，スペーサーを厚くして，その分，電圧と重合時間を増やす工夫をしている。

　できあがった二つの間に，カーボンブラックをはさんで手づくりのペロブスカイト型太陽電池は完成する。カーボンブラックは，カーボン紙などに用いら

れる炭素の粉末で，ここでは特に電気をとおしやすいアセチレンブラックを使っている。封止も私たちが手づくりの有機 EL 素子で用いた強力両面テープを採用している。

できあがったペロブスカイト型太陽電池の構造は**図 8.5** のようなものである。

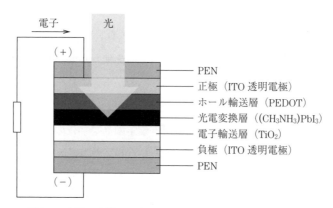

図 8.5　今回の実験でつくるペロブスカイト型太陽電池の構造

【器具】

□電源装置……グループごとに 1

□テスター……グループごとに 1

□ヘアドライヤー……グループごとに 1

□トールビーカー（200 mL 用）……グループごとに 1

□ビーカー（100 mL 用）……グループごとに 1

□マイクロピペット（20 μL 用，**図 8.6**）……グループごとに 1

□ホットプレート（実験用，できれば細かい温度調整ができるもの）……1

□加熱機能つきスターラー……グループごとに 1

□サンプル瓶……グループごとに 1

□ポリスポイト……グループごとに 1

□スパチュラ（小）……グループごとに 1

□リード線（ミノムシクリップ付き，赤・黒）……各 1

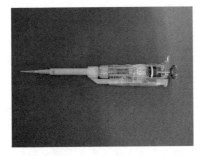

図8.6 マイクロピペット

□プラスチック製ピンセット……各1

□電子オルゴールもしくはソーラーモーター……各1

【試薬】（図8.7）

□3, 4-エチレンジオキシチオフェン（EDOT, $C_6H_6O_2S$ = 142.17, d = 1.342
　g/cm^3, b. p. 112℃ /20 mmHg, 空気中で酸化する）

□過塩素酸リチウム（$LiClO_4$ = 106.39, 潮解性, 激発性あり）

□酸化チタンペースト（TiO_2, PECC-B01 ペクセル・テクノロジーズ製）

□ヨウ化鉛（Ⅱ）（PbI_2 = 461.01, m. p. 402℃）

□ヨウ化メチルアンモニウム（CH_3NH_3I = 158.97, m. p. 145℃）

□アセチレンブラック

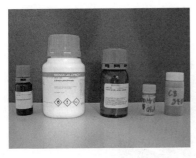

（a）　EDOT, 過塩素酸リチウム, TiO_2
　　ペースト, ヨウ化メチルアンモニ
　　ウム溶液, アセチレンブラック

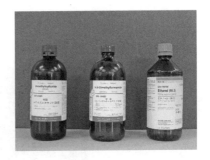

（b）　DMSO, DMF, エタノール

図8.7 実験で使用する試薬（左から順）

□ ジメチルスルホキシド（DMSO，$(CH_3)_2SO = 78.13$，$d = 1.104 \, g/cm^3$，b. p. 189 ℃）

□ N, N-ジメチルホルムアミド（DMF，$(CH_3)_2NCHO = 73.09$，$d = 0.944 \, g/cm^3$，b. p. 153 ℃）

□ 99.5 ％エタノール（$C_2H_5OH = 46.07$，$d = 0.789 \, g/cm^3$，b. p. 78 ℃，引火性あり）

□ 70 ％エタノール（99.5 ％エタノールと蒸留水を 7：3 で混合して調製）

【その他の材料】（図 8.8）

導電フィルムの材料

□ 酸化チタン付き ITO-PEN，（ペクセル・テクノロジーズ製，PECF-IP-BF78，30×20 mm）……各 1

□ ITO-PEN，（ペクセル・テクノロジーズ製，PECF-IP，30×20 mm）……各 1

□ ガラス板（40×25 mm）……各 1

□ シリコンゴム板（スペーサー，10×10×5.0 mm）……各 1

□ オールプラスチックピンチ……各 1

□ 丸型シール（5 mmφ，導電面・電極確認用）……黄と青　各 1

□ 両面テープ（20 mm×20 mm，15 mm×15 mm の穴を開けておく）……各 1

□ アルミ箔テープ（幅 10 mm，長さ 20 mm に切っておく）……各 2

□ 綿棒……各 1

□ キムワイプ……グループごとに 1

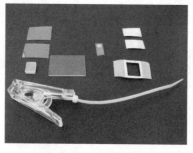

図 8.8 その他の材料

【実験操作】

Step0 事前準備

エチレンジオキシチオフェン（**EDOT**）溶液

EDOT 0.165 mL，過塩素酸リチウム 0.80 g を 70 ％エタノール 75 mL に溶かす。できるだけ直前に調製し，褐色瓶に入れて密栓をし，冷蔵庫に保管しておく。

酸化チタン溶液

酸化チタンペースト 0.10 g をエタノール 2.0 mL で希釈しておく。

ペロブスカイト溶液

ヨウ化鉛 PbI_2 0.48 g，ヨウ化メチルアンモニウム CH_3NH_3I 0.17 g をサンプル瓶に量りとり，N, N-ジメチルホルムアミド DMF 0.69 mL およびジメチルスルホキシド DMSO 0.15 mL を加えて，加熱機能付きマグネチックスターラーで 70 ℃に加熱しながらかくはんし，完全に溶解する。直前に調製し，使用するまで加熱・かくはんを続ける（**図 8.9**）。

導電フィルム

テスターで導通を確認し，PECF-IP-BF78 に青いシール，PECF-IP に黄色のシールをそれぞれの導電面に貼っておく（**図 8.10**）。

ホットプレート

実験用ホットプレート（5.0 ℃以下の刻みで温度調整ができる機種が望まし

図 8.9 ペロブスカイト溶液の調製

図 8.10 導電フィルムの準備

い，**図 8.11**）を 105 ℃に保っておく。

Step 1　負極をつくる

　青いシールのついた酸化チタン付き導電フィルム（PECF-IP-BF78）に，ポリスポイトを使って酸化チタン溶液を 3 滴たらす（**図 8.12**（a））。

図 8.11　実験用ホットプレートの準備

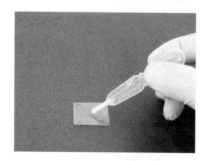

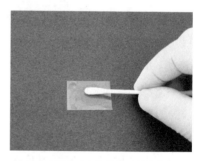

（a）　酸化チタン溶液の滴下　　　　　（b）　酸化チタン溶液の拭きとり

（c）　酸化チタン層の乾燥

図 8.12　負極をつくる

つぎに綿棒を用いて，たらした酸化チタン溶液を完全に拭き取る（図（b），なにも残っていないように見えるが，厚さ数百 nm の酸化チタンが残る）。

仕上げに，105 ℃のホットプレート上にのせて乾燥させ，水分を完全に除く（図（c））。

Step 2　正極をつくる

7 章とまったく同様にシリコンゴムのスペーサーを介して，黄色のシールがついた導電フィルムの導電面とステンレス板を向かい合わせ，オールプラスチックピンチではさみ，電気化学重合用のセルをつくる（**図 8.13**（a））。

この際，導電フィルムは ITO ガラスに比べ，反りやすいのでガラス板で支え，オールプラスチックピンチではさむ場所を工夫して，できるだけ間隔を保ち，ショートを防ぐ（図（b））。

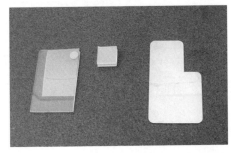

（a）　電気化学重合用のセル

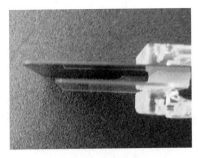

（b）　セルの電極間隔に関する注意点

図 8.13　正極をつくる

Step 3　セルをリード線で電源につなぐ

　電源装置の電極にリード線をつなぎ，ITO ガラスに正極（＋）のリード線（赤），ステンレス板に負極（－）のリード線（黒）をつける（**図 8.14**）。

Step 4　EDOT を重合し，ホール注入層をつくる

　200 mL 用トールビーカーに EDOT 溶液 75 mL を入れる。

　電源装置とつないだセルを EDOT 溶液に浸し（高さにして約 20 mm），3.0 V で 1 〜 2 分間，電気化学重合を行い，PEDOT を得る（**図 8.15**）。

図 8.14　セルとリード線
　　　　 のつなぎ方

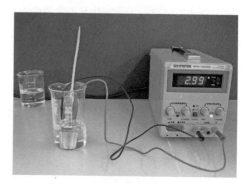

図 8.15　EDOT の電気化学重合

Step 5　ホール注入層を洗浄，乾燥する

　PEDOT（ホール注入層）は ITO ガラス上に薄青紫色の膜（かなり色が薄い場合がある）として得られる。100 mL 用ビーカーにエタノール（99.5 ％）を約 50 mL 入れる。

　重合が終わったら，セルを分解して，取り外した PEDOT 薄膜付き導電フィルムをこのエタノールですすぎ，乾燥させる（**図 8.16**）。

Step 6　負極の導電フィルム上にペロブスカイト結晶をつくる

　Step 1 で作成した酸化チタン膜付き導電フィルム（図 8.12（c））に，穴をあけた両面テープを貼り，裏紙をはがす。この際，プラスチック製ピンセットで両面テープをしっかり貼り付け，溶液の浸み出しを防ぐ（**図 8.17**）。

　つぎに，マイクロピペットを使って，70 ℃に加熱しながらかくはんしてお

図 8.16　ホール注入層の洗浄・乾燥

図 8.17　導電フィルムへの両面テープの貼付け

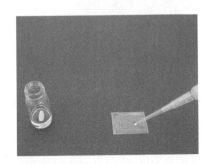
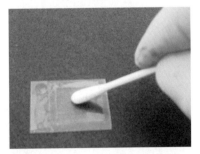

図 8.18　ペロブスカイト溶液の準備　　　　**図 8.19**　ペロブスカイト溶液の塗布

いたペロブスカイト溶液を 10 μL ほど，両面テープに開いた穴の中心にのせる（**図 8.18**）。

　続いて綿棒を用いて，のせたペロブスカイト溶液を両面テープに開いた穴の全面に塗り広げ，黄色の膜をつくる（**図 8.19**）。

　仕上げに 105 ℃のホットプレート上にのせて乾燥させると，膜が黄色から

徐々に黒っぽい褐色（☞ **Point 1**）へと変化し，ペロブスカイト結晶ができたことを確認できる（**図8.20**）。

そのままホットプレート上で約5分間，加熱し続ける（**図8.21**）。

Step 7　ペロブスカイト型太陽電池を組み立てる

Step6で準備した負極導電フィルム上のペロブスカイト層の中心に，アセチ

（a）　加熱乾燥

（b）　黄　色

膜の
変色
→

（c）　黒っぽい褐色

図8.20　ペロブスカイト結晶のできあがり

図8.21　ホットプレート上での加熱

図8.22　アセチレンブラックの準備

レンブラックをスパチュラ（小）で1～2杯分，のせる（**図8.22**）。この際，
両面テープに付着させないように注意する。

　つぎに，Step 4，5でつくったPEDOT付き導電フィルムを導電面を下にし
て，ペロブスカイト付き導電フィルムと貼り合わせる（**図8.23**）。ちょうど，
シールを貼った面が向かい合うかたちになる。

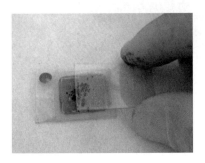 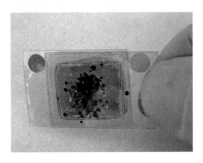

図8.23　ペロブスカイト型太陽電池の組立て

　さらに，導電フィルムの境目にアルミ箔テープを貼り付けると，ペロブスカ
イト型太陽電池が完成する（**図8.24**）。

図8.24　ペロブスカイト型太陽電池の
　　　　　完成

Step 8　ペロブスカイト型太陽電池の性能を確認する
　完成した正極（＋）に赤いリード線，負極（－）に黒いリード線をそれぞれ
つなぎ，つぎにリード線とテスターの端子をつなぎ，レンジを直流電圧に設定
して，ペロブスカイト型太陽電池が発電していることを確認する（**図8.25**）。

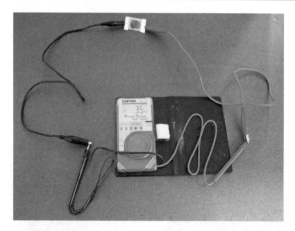

図8.25 ペロブスカイト型太陽電池とリード線の接続

また光を当てたり，遮ったりして，光応答性があることを確認する（図
（ c ））。できれば直射日光の下で行うとなお良い（**口絵 3**）。

リード線をテスターから外し，電子オルゴールとつないで，ペロブスカイト
型太陽電池がつくった電気で鳴らせてみるのも面白い。今回作成したペロブス
カイト型太陽電池 1 個（最高で約 800 mV）ではオルゴールは鳴らなかったが
（**図 8.26**），いくつか直列につなぐことで電子オルゴールを鳴らすことは可能
である。

図 8.26 ペロブスカイト型
太陽電池を使ってみる

【実験のコツと注意点】

Point 1　目指すのは「ピアノの黒鍵」？

今回の実験の鍵を握るのはペロブスカイト結晶である。この実験をしてみて驚くのは，鮮やかな黄色の鉛の塩が，ペロブスカイトができた途端に黒ずんだ色に変化することである。ペロブスカイト型太陽電池の発明者である宮坂 力によれば，もっとも効率が期待でき，優れた太陽電池になるペロブスカイトの色は「ピアノの黒鍵」のような，深く光沢のある色だそうである[87]。皆さんも「ピアノの黒鍵」の色を目指して，いろいろと実験してみて欲しい。

Point 2　これは曲者，酸化チタン（IV）と鉛（II）塩

7章で使用した Ga-In 合金はとても扱いにくく，いつも大変な思いをさせられるが，今回の実験にも取扱いに注意を要する物質が二つある。

一つ目が酸化チタン（IV）TiO_2，光触媒として知られ，空気清浄機や防汚塗料，日焼け止めクリームにまで用いられる身近な物質である。この実験に出てくる酸化チタン溶液は，メソポーラス酸化チタンと呼ばれるとても小さな穴がたくさん空いたものを用いており，これが衣服につくと，そう簡単には落ちてくれない。化粧品に用いられるくらいだから，直接皮膚についても無害なのはせめてもの救いである。

二つ目が特に要注意で，ペロブスカイト結晶の原料であるヨウ化鉛メチルアンモニウム $(CH_3NH_3)PbI_3$ に含まれる鉛（II）である。鉛には毒性があることはよく知られているが，ペロブスカイト結晶は鉛を含んでいる。また，黒いペロブスカイト結晶はできた後も，空気中の水分などと反応して黄色い鉛に戻り，これも衣服などにつくとなかなか落ちない。また皮膚に付着すると取れにくいが，石ケンをつけて洗うと取れるので，実験室を出る前に手を洗うのは常識だが，少し念入りに手洗いすることをお勧めしたい。

Point 3　習熟実験としての5章と素子の廃棄について

7章と同様に，本章でも EDOT を電気化学重合して導電性プラスチック PEDOT を得るが，ここでも5章のポリピロールの電気化学重合が習熟実験として適している。ポリピロールがお土産になるので，満足度が高まる。

Point 2 でも触れたことだが，鉛には毒性があるので，つくったペロブスカイト型太陽電池を持ち帰ることはできない。この点でも高分子有機 EL 素子に似ており，廃棄方法も 7 章同様に**産業廃棄物として捨てる必要があり**，判断に困る場合は自治体の窓口に問い合わせ，適切に廃棄するよう，心がけてもらいたい。

9 ポリアセチレン
── 電気をとおすプラスチックの原点 ──

　ポリアセチレンはもっとも単純な化学構造をもち，しかも，ドーピングによりきわめて高い電気伝導度を示すことから，導電性プラスチックの典型ともいうべき物質である。いくつかの合成方法が知られているが，いずれの方法も気体のアセチレンや反応性がきわめて高い触媒を取り扱う必要に加えて，高度な専門知識と専用の器具や装置を備えた実験室が必須なので本書では割愛する。9.1節では導電性プラスチック発見の原点となったポリアセチレンとはどんな物質であるかを述べ，9.2節でフィルムの合成方法を簡単に紹介する。

9.1 　ポリアセチレンとは

　ポリアセチレン[8),10)] は炭素と水素原子各1個を構成単位とするもっとも単純な高分子化合物で，CH が繰り返し単位であることから $(CH)_x$（シー・エイチ・エックス）とも呼ばれているが，基本構造単位はビニレン（-CH=CH-）であることから，ポリビニレンまたはポリエンがもっともふさわしい名前である。しかし，一般的にはアセチレンを触媒反応で重合することにより合成されているために，ポリアセチレンと名付けられて今日に至っている。

　図9.1と図9.2に示すようにポリアセチレンの骨格（分子鎖）を構成している炭素は二重結合（σ結合とπ結合）と単結合（σ結合）により交互に結合しているために，すべての炭素原子はπ電子が入ったπ軌道を一つずつもっている。つまり，π軌道が分子全体にわたって一列に並んでいる。それぞれのπ軌道は隣の炭素原子のπ軌道と重なっており，π電子は対（局在化）になっ

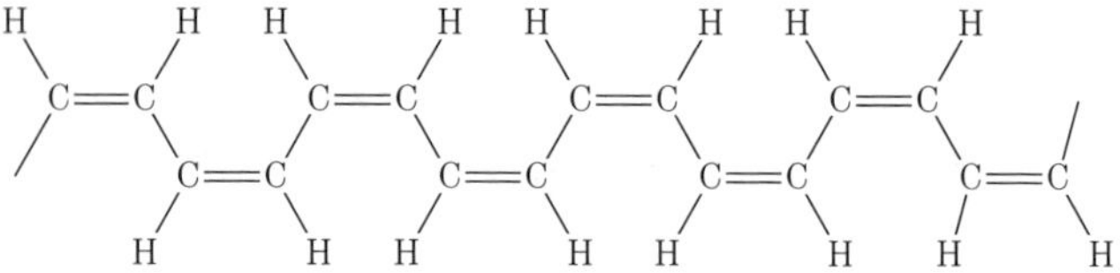

図 9.1　シス型ポリアセチレン

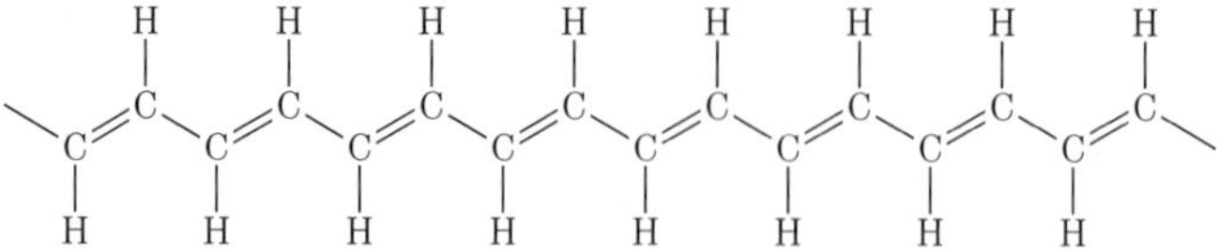

図 9.2　トランス型ポリアセチレン

て，炭素–炭素結合（σ 結合）に加えてもう一つの π 結合をつくっている。σ 電子と比べると π 電子は空間に大きく広がっているとはいえ，金属原子がもっている自由電子のように自由に動くことはできない。したがって，導電性はなく絶縁体かせいぜい半導体である。

　ポリアセチレンがもつそれぞれの二重結合にはシス型とトランス型の二つの幾何異性が可能なので無数の異性体があるが，低温で合成した直後は図 9.1 に示すように全部の二重結合がシス型であるが，重合温度が高いとトランス型（図 9.2）ができる。また，シス型は熱異性化を起こしてトランス型になる。

　導電性を付与するためには 2 章で述べた臭素やヨウ素のようなドーパント（電子求引性試薬やアルカリ金属のような電子供与性試薬）を添加するドーピングが必要である。

9.2　ポリアセチレンフィルムの合成

　ポリアセチレンは π 電子が一次元に並んでいることから，特異な電気的性質をもっていると思われて世界中の研究者の興味を引いた仮想的物質で，1930年代から 50 年代にかけて理論物理学者や理論化学者により研究されていた。2章のブレイク導電性プラスチックとセレンディピティーで述べたように，1958

年にイタリアの高分子化学者ナッタらによって，アセチレンをチーグラー・ナッタ触媒で重合することにより，不溶不融の黒色の粉末として初めて合成されて[11] 世界中の研究者から注目され，1950年から60年代にかけて盛んに研究された。

　しかし，粉末状のポリアセチレンは空気に触れると酸化劣化するため，分子構造や電気的性質を含む各種の性質を研究する試料としては不向きで，分子構造や性質の詳細を明らかにすることはできず研究は下火になった。

　一般的な合成方法は白川法と呼ばれている高濃度触媒の表面でアセチレンを重合する方法であるが，気体のアセチレンや空気中に取り出すとただちに発火するトリエチルアルミニウム（$AlEt_3$）などを扱うための高度な専門知識と，油拡散ポンプを備えた高真空装置（**図9.3**）などを備えた大学や研究所の実験室で行う必要がある。詳しい合成法は原著論文および総説（成書）に譲る[3),88)]。

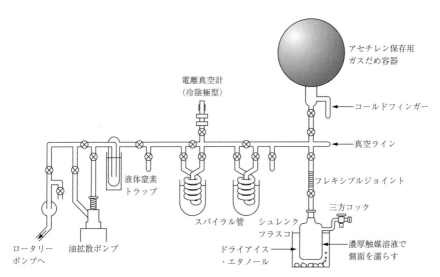

図9.3 ポリアセチレンフィルムの合成用真空ライン装置
（文献3をもとに一部作図）

化学実験教室の企画・開発・実施のコツ

　本書は「導電性プラスチック」を題材にした多様な実験を紹介する実験書である。子供たちや学生はもちろんのこと，科学に興味をもつすべての人々に実験を通して，科学の素晴らしさを知って欲しいと企画したものである。

　一時期「理科離れ」といわれ，かつて理科が大好きだった子供たちが急に減ってしまい，これは何とかしなければ！　と思った科学者は少なくない。反面，近年になって科学実験ショーが注目されるようになり，科学に興味を持つ人は増え，子供たちのなりたい職業に「科学者」が上位にあげられたりしている。

　確かに入口として，科学実験ショーは適している。予備知識がなくても，ショーとして十分楽しめる内容である。しかし化学者からしてみると，面白かった楽しかっただけのアトラクションで終わって良いのだろうか，という思いを禁じ得ない。

　実際，科学教室のようなものは増えている。博物館・科学館のイベント，大学や研究機関の一般公開，企業の CSR 活動としての社会貢献など，主催・形態・規模の大小を問わなければ，相当な数が行われている。しかしやってみたくても，ノウハウがわからず，苦労したという話もよく聞く話である。

　そこで長く実験教室を行ってきた筆者（廣木）が少しここで，ノウハウをまとめてみたい。

1．企画を立てよう

　よくこんな質問をされる。実験教室にとって，一番大切なことは何ですか？それは「だれになにを伝えたいか」ということ。「子供たちに理科の楽しさを」

といった漠然としたものでなく，「小中学生に導電性プラスチックの魅力を」など，もう少し深めよう。

　つぎにそれを伝えるために，どんな実験を行おうかと考える。最初は目的に沿った実験を調べて，面白そうなものを片っ端から列挙してみる。その上で対象・時間・場所・予算などを考え合わせてテーマを絞り込む。例えば，小学校の理科室で小学生と楽しむなら，だれでもできそうな「ポリピロールの触媒酸化重合」にしてみようなど。

2.　実験教室の設計

　実験教室は以下の三つの構成要素からなる。

A.　解説…基礎知識や実験内容について解説を行う

B.　実演…実験の講師が参加者の前で実験をして見せる

C.　実験…実際に参加者一人ひとりが実験を行う

　A が多いと化学の講義，B が多いと実験ショー，C が多いと実験教室となり，満足度は概して A＜B＜C の順に大きくなる。また理解度も同様で，C の要素が多いほど，五感をフルに活用するため，知識を体得できる。すなわち，「百聞は一見にしかず」そして「百見は一実験にしかず」というわけである。

　ただ，実験ばかりというわけにはいかないので，例えば 3 章を例に挙げると，構成は以下のようになる。

〈実験タイトル〉「導電性プラスチックをつくろう　～ポリピロールの合成」

〈実験の流れ〉

挨拶：実験講師およびアシスタントの挨拶と自己紹介

解説 ①：プラスチックってなんだろう？

実演 ①：ろ紙と OHP シートの固定

実験 ①：　　　　同上

解説 ②：導電性プラスチックとそのつくり方

実演 ②：触媒の塗付けと乾燥

実験 ②：　　　　同上

（休憩）（触媒の乾燥待ち）

解説 ③：ポリピロールとさまざまな導電性プラスチック

実演 ③：ポリピロールの合成

実験 ③：　　　　同上

解説 ④：電気が流れるしくみ

実演 ④：テスターによる導電性の確認

実験 ④：　　　　同上

まとめ：導電性プラスチックと私たち

　挨拶とまとめを除くと，必ずA解説→B実演→C実験の順番になっていることに気づくだろう。解説が長く続くと飽きてしまうし，集中力が途切れてしまうので，解説で実演・実験をはさんだ形を基本形とする。

　それぞれのパートの役割は

A.　解説…これから行う実験について知識を共有する

B.　実演…講師が参加者に手本を見せる

C.　実験…手本にしたがって参加者が実験する

　これは筆者（廣木）が，かつて日本科学未来館に勤務していた頃に学んだ手法で，通称「お料理教室方式」と呼んでいる。直前に習ったことを手本を真似しながら，実際にやってみるという繰返しは，きわめて学習効果が高く，失敗が少ない。

　大切なのは理解し，実験し，考えることである。これは化学の基本であって，是非とも身につけて欲しい習慣でもある。実験操作を単なる作業で終わらせないためにも，この点には留意してもらいたい。

3.　実験に「見せ場」をつくる

　慣れてきたら，A解説→B実演→C実験の流れをアレンジしても良い。例えば2時間を要する実験教室なら，途中1回の休憩も必要だろう。しかし，なにかが足りない……それはクライマックス，感動できる瞬間である。

　そこで，ポリピロールの実験の前に，導電チェッカー「トオル君」の工作教

室をやってみる。そうすると「トオル君」で，自分でつくった導電性プラスチックに，本当に電気が流れることが確認できる。特に「トオル君」の場合，LED が光るので，盛り上がりはかなりのものである。

4.　**The Sense of Wonder**（センス・オブ・ワンダー）

　本書に登場する実験は，この感動につながる導電性プラスチックの応用を体験してもらうことに，こだわりをもっている。電気が流れる（3章），色が変わる（4章），プロペラが回る（5章），音が鳴る（6章），光が出る（7章），電気が起きる（8章）など，最後に必ず導電性プラスチックを使った目をみはる瞬間を用意している。その重要性は，かつてレイチェル・カーソンが『センス・オブ・ワンダー』[89]で書いた，幼い甥を連れて森や野山に分け入り，共に生きた自然の神秘に驚き・感動することの大切さに似ている。こうして感動した体験は，きっと化学（そして科学，さらには広く学術や芸術）への興味を育んでくれるに違いないと確信する。

引用・参考文献

1) 白川英樹, 山邊時雄 編：合成金属—ポリアセチレンからグラファイトまで—, 化学増刊, **87**, pp.1 ～ 182, 化学同人 (1980)
2) 日本化学会 編：伝導性低次元物質の化学, 学会出版センター (1983)
3) 赤木和夫, 田中一義 編：白川英樹博士と導電性高分子, p.28, 化学同人 (2002)
4) 吉村 進：導電性ポリマー, 共立出版 (1987)
5) 緒方直哉：導電性高分子, 講談社 (1990)
6) 吉野勝美, 小野田光宣：高分子エレクトロニクス—導電性高分子とその電子光機能素子化—, コロナ社 (1996)
7) 吉野勝美：導電性高分子のはなし, 日刊工業新聞社 (2001)
8) 白川英樹, 山邊時雄, 吉野勝美：オーラルヒストリー—学際領域における導電性ポリマーの研究とノーベル化学賞—, 応用物理, **77**, 8, pp.903 ～ 909 (2008)
9) 白川英樹：私の研究における偶然と必然 ポリアセチレン薄膜の合成とドーピングの発見, ミクロスコピア, **18**, 4, pp.6 ～ 10 (2001)
10) 石鳥綾子：ブレークスルーの科学—ノーベル賞学者・白川英樹博士の場合, 日経 BP 社 (2007)
11) Natta, G., Mazzanti, G., and Corradini, P., Atti Accad. Naz. Lincei, Cl. Sci. Fis. Mat. Natur., Rend., **8**, 25, p.3 (1958)
12) Jones, R. A., and Bean, G. P., : The Chemistry of Pyrroles, Organic Chemistry : A Series of Monographs, **34** (2013)
13) Diaz, A. F., Kanazawa, K. K., and Gardini, G. P. : Electrochemical polymerization of pyrrole, J. Chem. Soc. Chem. Commun., **14**, pp.635 ～ 636 (1979)
14) Yanagida, S., Kabumoto, A., Mizumoto, K., Pac, C., and Yoshino, K. : Poly (p-phenylene) -catalysed photoreduction of water to hydrogen, J. Chem. Soc. Chem. Commun., **8**, p.474 (1985)
15) Mason, E. C., and Weber, A. P. : Polypyrrole : Properties, Performance and Applications (Materials Science and Technologies : Chemical Engineering Methods and Technology), Nova Science Pub (2011)
16) MacDiarmid, A. G. : Application of Thin Films of Polyaniline and Polypyrrole in

Novel Light-Emitting Devices, PN（1997）

17）白川英樹：『科学の泉―子ども夢教室』テキスト「トオル君」の作り方第4版（2015）

18）Runge, F. F.：Ueber einige Producte den Steinkohlendestillation, Ann. Phys. Chem., **31**, pp.65 ～ 78, pp.308 ～ 328, pp.513 ～ 524（1834）

19）Noelting, E.：Scientific and industrial history of aniline black, Matheson（1889）

20）MacDiarmid, A. G.："Synthetic Metals"：A Novel Role for Organic Polymers（Nobel Lecture）, Angew. Chem. Int. Ed., **40**, 14, pp.2581 ～ 2590（2001）

21）Letheby, H.：On the production of a blue substance by the electrolysis of sulphate of aniline, J. Chem. Soc. **15**, pp.161 ～ 163（1862）.

22）Staudinger, H.：Über Polymerisation, Ber. Deut. Chem. Ges., 53, 6, pp.1073 ～ 1085（1920）.

23）倉本憲幸：はじめての導電性高分子，工業調査会（2002）

24）Pina, C. D., and Falletta, E.：Polyaniline：From Tradition to Innovation（Polymer Science and Technology）, Nova Science Pub（2014）

25）Junker, K., Zandomeneghi, G., Guo, Z., Kissner, R., Ishikawa, T., Kohlbrechere, J., and Walde, P.：Mechanistic aspects of the horseradish peroxidase-catalysed polymerisation of aniline in the presence of AOT vesicles as templates, RSC Adv., **2**, pp.6478 ～ 6495（2012）

26）小林征男：導電性高分子の応用展開，シーエムシー出版（2009）

27）Bhadra, S.：Polyaniline：Preparation, Properties, Processing and Applications, LAP LAMBERT Academic Publishing（2010）

28）Patil D. S., and Patil P. S.：Polyaniline Based Electrodes for Electrochemical Supercapacitor：Chemical Synthesis of Polyaniline：Supercapacitor, LAP LAMBERT Academic Publishing（2013）

29）Chander, M., and Chauhan R.：Synthesis and properties of polyaniline：Doping in polyaniline and Its application, LAP LAMBERT Academic Publishing（2014）

30）Basu T., and Saini D.：Nanostructured Conducting Polymers and application in Biosesnors：Nanostructured conducting polyaniline and application in Biosensors, LAP LAMBERT Academic Publishing（2014）

31）Afanas'ev, V. L., Nazarova, I. B., and Khidekel, N. M.：Izv. Acad. Nauk. USSR, Ser. Khim., **7**, p.1687（1980）.

32）Reddinger, J. L., and Reynolds, J. R.：Molecular Engineering of p-Conjugated Polymers, Adv. Polym. Sci., **145**, pp.57 ～ 122（1999）

33) Maiti, J., and Dolui, S. : Polythiophene based conjugated polymer for optoelectronic application : Development of soluble pi conjugated polymers and evaluation of their electroluminescence properties, VDM Verlag Dr. Müller (2010)

34) Roncali, J. : Conjugated poly (thiophenes) : synthesis, functionalization, and applications, Chem. Rev., **92**, 4, pp.711 ～ 738 (1992)

35) McCullough, R. D. : The Chemistry of Conducting Polythiophenes, Adv. Mater., **10**, 2, pp.93 ～ 116 (1998)

36) Tabba, H. D., and Smith, K. M. : Anodic oxidation potentials of substituted pyrroles : derivation and analysis of substituent partial potentials, J. Org. Chem., **49**, 11, pp.1870 ～ 1875 (1984)

37) Camarada, M. B., Jaque, P., Díaz, F. R., and del Valle, M. A. : Oxidation potential of thiophene oligomers : Theoretical and experimental approach, J. Polym. Sci. Part B : Polym. Phys., **49**, 24, pp.1723 ～ 1733 (2011)

38) Nalwa, H. S. : Handbook of Advanced Electronic and Photonic Materials and Devices, Academic Press (2000)

39) 玉虫伶太, 高橋勝緒 : エッセンシャル電気化学, 東京化学同人 (2000)

40) 大堺利行, 加納健司, 桑畑 進 : ベーシック電気化学, 化学同人 (2000)

41) 渡辺 正, 金村聖志, 益田秀樹, 渡辺正義 : 電気化学, 丸善出版 (2001)

42) 宮島章子 : 導電性プラスチックを作ろう！, 化学と教育, **52**, 5, pp.384 ～ 385 (2004)

43) 古武順一, 時仕静士, 筒井哲夫, 斉藤省吾 : ポリチオフェン及びポリ 3-メチルチオフェン薄膜のエレクトロクロミック特性, 高分子論文集, **44**, 4, pp.217 ～ 223 (1987)

44) 渡辺 正, 片山 靖 : 電池がわかる 電気化学入門, オーム社 (2011)

45) 日本化学会 編, 金村聖志 : 電池, 共立出版 (2013)

46) 植月唯夫, 望月悦子, 木村嘉孝, 廣木一亮, 村岡克紀 : 電気応用とエネルギー環境, コロナ社 (2016)

47) 吉野 彰 : リチウムイオン電池 この 15 年と未来技術, シーエムシー出版 (2014)

48) 高分子学会 編 : 高分子の合成・反応 (2), 縮合系高分子の合成, 共立出版 (1996)

49) 白川英樹, 廣木一亮 : 材料科学の基礎 8 導電性高分子の基礎, シグマアルドリッチジャパン (2012)

50) 日本化学会 編 : 楽しい化学の実験室 Ⅱ, 東京化学同人 (1995)

51) Armarego, W. L. F., and Chai, C. : Purification of Laboratory Chemicals Seventh

Edition, Butterworth-Heinemann（2012）

52) Elschner, A., Kirchmeyer, S., Lovenich, W., Merker, U., and Reuter, K.：PEDOT：
Principles and Applications of an Intrinsically Conductive Polymer, CRC Press
（2010）.

53) Pei, Q., Zuccarello, G., Ahlskog, M., and Inganäs, O.：Electrochromic and highly
stable poly（3, 4-ethylenedioxythiophene）switches between opaque blue-black
and transparent sky blue., Polymer, **35**, 7, pp.1347 ～ 1351（1994）

54) von Kieseritzky, F., Allared, F., Dahstedt, and E. Hellberg, J.：Simple one-step
synthesis of 3, 4-dimethoxythiophene and its conversion into 3,
4-ethylenedioxythiophene（EDOT）, Tetrahedron Lett., **45**, 31, pp.6049 ～ 6050
（2004）.

55) Groenendaal, L., Jonas, F., Freitag, D., Pielartzik, H., and Reynolds, J. R.：Poly（3,
4-ethylenedioxythiophene）and Its Derivatives：Past, Present, and Future,
Advanced Materials, **12** ,7, pp.481 ～ 494（2000）

56) 奥崎秀典：PEDOT の材料物性とデバイス応用，サイエンス＆テクノロジー
（2012）

57) 株式会社理学ホームページ：http://rigaku.cc/[†]（「理学 PEDOT」で検索すると
良い。PEDOT/PSS の商品については http://www.rigaku.cc/ricp/）

58) Xia, Y：Highly Conductive PEDOT：PSS Films for Transparent Electrode：Novel
Methods to Improve the Conductivity of PEDOT：PSS to be Comparable to
Indium Tin Oxide, LAP LAMBERT Academic Publishing（2012）

59) Xing, Y：Electrical properties of PEDOT：PSS film under ultraviolet irradiation,
LAP LAMBERT Academic Publishing（2014）.

60) Transparent Electrodes, Including：Carbon Nanotube, Indium Tin Oxide, Pedot：
Pss, Poly（3, 4-Ethylenedioxythiophene）, Pedot-Tma, Hephaestus Books（2011）

61) 株式会社クレハホームページ，PVDF 強誘電体【KF ピエゾ】：http://www.
kureha.co.jp/business/material/kfpiezo.html

62) 廣木一亮：実験で知る導電性高分子，化学と工業，**63**, 10, pp.808 ～ 809
（2010）

63) Hiroki K.：What conductive polymers have taught us about the meaning of
education：education before innovation, Mater. Sci. Eng. 54, 012021（2014）.

64) Fils Co., Ltd：http://www.fils.co.kr

65) 森山信宏，大賀寿郎，坂本良雄：日本音響学会講演論文集，pp.902 ～ 903

† URL は 2017 年 9 月現在。

（2010）

66)　森山信宏，大賀寿郎，坂本良雄，小川智幸：日本音響学会講演論文集，pp.873
　　　〜 874（2011）.

67)　株式会社秋月電子通商ホームページ：http://akizukidenshi.com/catalog/top.aspx
　　　「東芝 TA7272AP　オーディオアンプ」で検索すると良い。別に出力トランス：
　　　サンスイ　ST 型アウトプットトランス　ST-48 が必要なので，「ST-48」で検
　　　索すると良い。

68)　エルメック電子工業株式会社ホームページ：http://www.elmech-denshi.co.jp

69)　株式会社サウンドファンホームページ：https://soundfun.co.jp

70)　Tang, C. W., and VanSlyke, S.A.：Organic electroluminescent diodes, Appl. Phys.
　　　Lett., **51**, 12 pp.913 〜 915（1987）

71)　吉野勝美：有機 EL のはなし，日刊工業新聞社（2003）

72)　城戸淳二：有機 EL のすべて，日本実業出版社（2003）

73)　時任静士，安達千波矢，村田英幸：有機 EL ディスプレイ，オーム社（2004）

74)　安達千波矢：有機 EL のデバイス物理・材料化学・デバイス応用，シーエムシー
　　　出版（2012）

75)　木村　睦：有機 EL の本，電気書院（2017）

76)　Burroughes, J. H., Bradley, D. D. C., Brown, A. R., Marks, R. N., Mackay, K., Friend, R.
　　　H., Burns, P. L., and Holmes, A. B.：Light-emitting diodes based on conjugated
　　　polymers, Nature, **347**, 6293, pp.539 〜 541（1990）

77)　八尋正幸，安達千波矢：材料科学の基礎 1 有機 EL 素子の基礎およびその作製
　　　技術，シグマアルドリッチジャパン（2009）

78)　Sigma-Aldrich：Organic Electronics, Material Matters, **2**, 3（2007）

79)　荒川裕則：色素増感太陽電池，シーエムシー出版（2007）

80)　荒川裕則：色素増感太陽電池の最新技術Ⅱ，シーエムシー出版（2013）

81)　吉川　暹，上原　赫：有機薄膜太陽電池の開発動向（CMC テクニカルライブラ
　　　リー—エレクトロニクスシリーズ），シーエムシー出版（2010）

82)　高分子学会 編：有機薄膜太陽電池，エヌ・ティー・エス（2010）

83)　松尾　豊：有機薄膜太陽電池の科学，化学同人（2011）

84)　若狭信次：色素増感太陽電池を作ろう，パワー社（2010）

85)　Kojima, A., Teshima, K., Shirai, Y., and Miyasaka, T.：Organometal Halide
　　　Perovskites as Visible-Light Sensitizers for Photovoltaic Cells, J. Amer. Chem. Soc.,
　　　131, 17, pp. 6050 〜 6051（2009）

86)　Kalyanasundaram, K., Zakeeruddin, S. M., and Grätzel, M.：Hybrid Halide

Perovskites-Based Solar Cells, Material Matters, **11**, 1, pp.3 ～ 14, Sigma-Aldrich (2016)

87)　桐蔭横浜大学宮坂研究室：テキスト「ペロブスカイト太陽電池を作ろう」(2016)

88)　Ito, T., Shirakawa, H., and Ikeda, S. : Simultaneous polymerization and formation of polyacetylene film on the surface of concentrated soluble Ziegler-type catalyst solution, J. Polym. Sci. Polym. Chem. Ed., **12**, 1, pp.11 ～ 20 (1974)

89)　レイチェル・カーソン 著，上遠恵子 訳：センス・オブ・ワンダー，新潮社 (1996)

あ と が き

　化学は物質の性質を知り，巧みな合成法を考え，応用を実現する学問である。新薬や新素材を生み出し，日々社会に貢献しているが，テレビや自動車といった製品の華やかさに目を奪われ，それを支える素材や技術に注目する人は少ない。

　導電性プラスチックという画期的な発明は，有機エレクトロニクスという新しい研究分野を生み出し，いまや身近な家電製品にも多用され，世の中を大きく変えたといって良いだろう。それにも関わらず，もし 2000 年のノーベル化学賞がなかったら，導電性プラスチックが，ここまで知られることもなかっただろうし，さらにいえば導電性プラスチックがどこにどうやって応用されているのか，知る人は多くないだろう。

　しかし導電性プラスチックは，科学全般の素晴らしさを伝えるには格好の素材である。実験教室のテーマとしてじつに魅力的で，やりがいのある実験教室になる。そんな導電性プラスチックに大学で出会い，化学を正しくわかりやすく伝えるのは化学者にしかできない仕事だと，勝手な使命感を感じた私（廣木）は，科学の素晴らしさを伝える活動に力を注ぐ師に触発されたこともあり，化学を含めて科学全般の研究だけでなく，教育や普及に尽力して，今日に至る。師には及ばないながらも，数えきれないほどの実験教室を国内はもとより国外でも行ってきたが，いつもどこでも大盛況。実験教室が終わったとき，化学の未来は明るいと，参加者の笑顔に何度も勇気づけられた。この先も導電性プラスチックは研究開発が続けられ，便利で豊かで健康的な社会をつくるために貢献していくことだろう。

　このたび，導電性プラスチックに関する実験書が完成したことは，師の念願かなってのことであり，私にとってもこの上のない喜びである。この書が，科

学を愛するすべての人に，実験の良い手引きとして役立つことを心から祈りつつ，筆を置くこととしたい。

　最後に，本書で取り上げた実験プログラムは，2003年10月から実施が始まった東京・お台場にある日本科学未来館（未来館）での特別実験教室「ノーベル賞化学者からのメッセージ　～白川英樹博士×実験工房～　導電性プラスチックを作ろう！」や，ソニー教育財団が実施している子供たちの自然教室「科学の泉―子ども夢教室」の実験教室などで行っており，それぞれの機関や施設と共同で企画・開発されたものが多く含まれている。

　未来館での企画・開発に当たり宮島章子（科学技術スペシャリスト，のちの科学コミュニケーターに相当，以下敬称略），科学コミュニケーターの渡部晃子，Blech Vincent，小岩井理美香，山口珠美，中川映理，大堀菜摘子，佐尾賢太郎，田村真理子，CHEN Du（陳 芏），田中 健，石田茉利奈，梶井宏樹，鈴木 毅らをはじめとする多くのスタッフの尽力によって実験プログラムが組まれ，その後も実験方法や内容の改良を重ねて現在に到っている。この間，特別実験教室の運営を支える実験工房ボランティアの諸氏，導電チェッカー「トオル君」を考案した佐伯 聡，ノーベル賞実演チーム「ノーベル隊」ボランティアの皆さんのたゆまぬ貢献で特別実験教室を続けることができており，未来館の皆さんに感謝する。また，「科学の泉―子ども夢教室」で行っている実験プログラムの開発や改良で献身的な努力を惜しまなかったソニー教育財団の担当者に感謝する。

　多くの科学者や研究者，企業の協力なしでは，これらの実験プログラムの実現は不可能であった。3章で取り上げたピロールの気相重合は宮田清蔵（当時東京農工大学教授）の発案に基づいている。4章・5章で述べた電気化学重合は筑波大学の木島正志，後藤博正，川島英久の諸氏の協力を得て開発・改良された。6章の透明フィルムスピーカーで使うKFピエゾフィルムは株式会社クレハの森山信宏らにより提供していただき，透明フィルムスピーカー専用の超小型高性能アンプの設計・製作は東京大学生産技術研究所の小林 大，このアンプと使い勝手のよいPEDOT/PSS溶液は金井文彦（株式会社理学）により

それぞれ提供された。PEDOT およびモノマーの EDOT については橋本丞嗣（現松尾産業株式会社，当時スタルク株式会社）の協力が欠かせなかった。7章の手づくり高分子有機 EL 素子は住友化学株式会社の大西敏博（当時）と加藤岳仁（現 小山工業高等専門学校）らによるガリウム–インジウム合金の教示がなかったら実現できなかった。また，山崎舜平ら株式会社半導体エネルギー研究所による実験機器や材料の提供，財団法人材料科学技術振興財団による材料の提供と EL 素子の解析，シグマ アルドリッチ ジャパン合同会社・メルク株式会社と旭化成株式会社および旭化成ファインケム株式会社による試薬の提供など，それぞれ全面的に協力をいただいた。8章の手作りペロブスカイト型太陽電池では桐蔭横浜大学の宮坂 力，池上和志らによる献身的な協力で実験プログラムが完成した。これら多くの皆さんに敬意と感謝を表する。

　最後に本書に記載した画像の撮影や動画の作成に全面的な協力をしてくれた津山工業高等専門学校 機械工学科 竹内嗣人，電気電子工学科 松原 巧，西山政隆，浜田将聖，佐藤 良，情報工学科 出口翔斗，総合理工学科 土居 諒，山中裕葵，イラストを作成した助教の守友博紀に感謝する。また，廣木のゼミ生諸君は昼も夜も平日・休日の別もなく献身的に尽力してくれた。皆さんの労を多として感謝申し上げる。

　2017 年 9 月

廣木 一亮

索　引

———— 著 者 略 歴 ————

白川　英樹（しらかわ　ひでき）

1961 年　東京工業大学理工学部化学工学科卒業
1963 年　東京工業大学大学院理工学研究科
　　　　修士課程修了（化学工学専攻）
1966 年　東京工学大学大学院理工学研究科博士
　　　　課程修了（化学工学専攻）
　　　　工学博士
1966 年　東京工業大学資源化学研究所助手
1976 年　ペンシルベニア大学博士研究員
1979 年　筑波大学助教授
1982 年　筑波大学教授
2000 年　筑波大学名誉教授

廣木　一亮（ひろき　かずあき）

2000 年　筑波大学第三学群基礎工学類卒業
2006 年　筑波大学大学院一貫制博士課程
　　　　数理物質科学研究科修了
　　　　博士（工学）
2006 年　独立行政法人産業技術総合研究所
　　　　環境化学技術研究部門特別研究員
2008 年　独立行政法人科学技術振興機構
　　　　日本科学未来館
　　　　科学コミュニケーター
2008 年　独立行政法人理化学研究所
　　　　基幹研究所客員研究員（兼任）
2011 年　津山工業高等専門学校講師
2013 年　津山工業高等専門学校准教授
　　　　現在に至る

実験でわかる 電気をとおすプラスチックのひみつ
Exploring Conductive Polymers Through Experiments
Ⓒ Hideki Shirakawa, Kazuaki Hiroki 2017

2017 年 12 月 28 日　初版第 1 刷発行　　　　　　　　　　　　　★

検印省略	著　者	白　川　英　樹
		廣　木　一　亮
	発 行 者	株式会社　コロナ社
	代 表 者	牛 来 真 也
	印 刷 所	新日本印刷株式会社
	製 本 所	有限会社　愛千製本所

112-0011　東京都文京区千石 4-46-10
発行所　株式会社 コロナ社
CORONA PUBLISHING CO., LTD.
Tokyo Japan
振替 00140-8-14844・電話(03)3941-3131(代)
ホームページ http://www.coronasha.co.jp

ISBN 978-4-339-06644-9　C3043　Printed in Japan　　　　（中原）

エコトピア科学シリーズ

■名古屋大学未来材料・システム研究所 編（各巻A5判）

シリーズ　21世紀のエネルギー

■日本エネルギー学会編　　　　　　　（各巻A5判）

以下続刊

定価は本体価格＋税です。
定価は変更されることがありますのでご了承下さい。

図書目録進呈◆